Web服务发现理论及关键技术

高 聪 著

本书受国家自然科学基金青年科学基金项目（61702414）资助。

本书受陕西省科技厅工业科技攻关项目（2016GY-092）、陕西省自然科学基础研究计划项目（2016JM6048）、陕西省教育厅专项科学研究计划项目（17JK0711、16JK1687）资助。

本书受西安邮电大学学术专著出版基金资助。

科学出版社

北京

内 容 简 介

本书针对网络服务发现领域的关键技术及应用进行研究。第1～2章介绍该领域的研究背景及现状，通过对服务质量模型、服务发现方式、服务发现体系结构及现有服务发现技术的归纳总结，给出一个完备的综述，并针对该领域当前面临的技术挑战，分析不同应用场景下各类服务发现方式的利弊；第3～7章介绍分布式环境下服务发现的流量控制模型，阐述协同网络环境下基于服务质量感知的服务选择方法，探究数字社区网络连接开销的优化策略，设计移动自组织网络中自治的动态服务发现体系结构，提出基于残缺判断矩阵的一致性分析方案来解决残缺信息情况下的服务发现；第8章对全书进行了总结和展望。

本书内容深入浅出、理论与实际相结合，适用于在相关领域开展研究的在读硕士研究生、博士研究生以及其他科研工作者。

图书在版编目(CIP)数据

Web服务发现理论及关键技术/高聪著. —北京：科学出版社，2017
ISBN 978-7-03-054744-6

Ⅰ.①W… Ⅱ.①高… Ⅲ.①Web服务器-研究 Ⅳ.①TP393.092.1

中国版本图书馆CIP数据核字（2017）第246316号

责任编辑：张振华 / 责任校对：王万红
责任印制：吕春珉 / 封面设计：东方人华平面设计部

科学出版社 出版
北京东黄城根北街16号
邮政编码：100717
http://www.sciencep.com
三河市骏杰印刷有限公司 印刷
科学出版社发行　各地新华书店经销
*
2017年12月第 一 版　开本：787×1092 1/16
2017年12月第一次印刷　印张：8 3/4
字数：200 000
定价：59.00元
（如有印装质量问题，我社负责调换〈骏杰〉）
销售部电话 010-62136230　编辑部电话 010-62135120-2005

前　言

互联网技术在引领现代科技发展的过程中，革命性地改变着人们的社会生活和生产方式。互联网技术不仅改变了人们的学习、工作和生活方式，还极大地丰富了人们的精神世界。借助互联网技术，无数科幻作品中的场景和事物变成了现实。然而，互联网技术在为人们带来便利的同时也不可避免地引入了复杂性。在网络服务的应用层面，服务类型的日益增多和服务个数的井喷式增长给网络服务生态系统的良性发展带来了诸多问题。如今，服务提供者针对各种类似的应用场景部署了成千上万种同质化的服务。因此，设计能够适用于各种应用环境的，并以最少的人工干预提供可扩展的、高效的自动化服务发现技术，是网络服务技术面临的一个巨大挑战。

本书针对网络服务发现的关键技术进行研究，在对服务质量模型、服务发现方式及服务发现体系结构进行分析的基础上，阐述现有的服务发现技术；针对不同的网络环境及应用场景，阐述各类服务发现方式的利弊，分析其存在的问题，并提出一系列创新的解决方案。本书分为 8 章，具体内容如下。

第 1 章介绍网络服务的研究背景及网络服务技术的基本知识。

第 2 章介绍服务发现的基础知识及研究现状，是服务发现领域一个完备的综述。首先，将服务发现与服务选择进行对比，并针对性地描述服务选择领域具有代表性的工作。其次，对服务质量属性和服务发现方式进行归纳。最后，对现有的服务发现技术做了详尽的阐述，指明服务发现领域所面临的关键问题，为后续章节所涉及的主要问题进行铺垫。

第 3 章介绍服务发现领域的节点模型和流量控制策略，针对分布式环境下的服务发现问题提出流量控制模型。首先，介绍节点模型和流量控制策略；然后，通过实验对提出的流量模型进行评估，针对查询队列、应答队列和转发队列，应用了不同的流量控制策略，通过改变上述三个队列的优先级来改进整个网络中服务发现的可获得性和延迟。

第 4 章介绍层次分析法理论，并基于层次分析法理论提出协同服务质量感知的服务选择方法。首先，介绍层次分析法理论及其在网络服务选择中的传统应用；然后，提出协同服务质量感知的服务选择方法。在该方法中，用户的偏好被映射至层次分析法的层次化结构中，由各个准则的权值进行体现，且引入信任阈值来提供信誉管理，进而缓解恶意用户和偏见用户造成的干扰。此外，运用统计分析的方法将离群值进行排除，进一步确保收集到的服务质量数据的可靠性。最后，通过实验来验证本章所提出方法的有效性，给出实验环境、结果分析，以及对比和讨论。

第 5 章介绍低开销服务选择的 k 中点设施位置代理模型。首先，对设施位置问题进行介绍，随后引出 k 中点问题。然后，详细描述 k 中点设施位置代理模型，提出局部搜索算法和贪心算法，并对两种算法在理论上进行分析和对比。该模型根据数字社区网络的应用场景，将网络服务的注册、更新、删除、选择和使用由五类实体通过六类消息来完成，其两个重要参数为连接到数字社区网络的设施个数和发送给 k 中点设施位置代理的并发服务需求个数。本章通过大量的实验来对提出的两种算法进行评估，并且根据实验结果给出数字社区网络中总的连接开销和连接至数字社区网络的设施个数之间的折中依据。

第 6 章介绍自治的动态服务发现体系结构。首先，介绍基于目录的服务发现体系结构和无目录的服务发现体系结构，并指出其存在的问题。然后，提出自治的动态服务发现体系结构，分别对网络模型、基于目录的模式、无目录的模式及自主的模式切换进行阐述。针对移动自组织网络中的拓扑控制、节点能量节约和节点位置隐私保护等问题，提出方向探测算法、局部位置优化算法和全局位置优化算法，并引入监测令牌来监测和收集移动自组织网络的状态信息和各项参数。最后，通过大量实验对自主的模式切换功能从服务发现的可获得性、消息开销和延迟三个方面进行分析和评估，进而验证所提出模型的有效性。

第 7 章介绍服务选择中面向残缺信息的质量评价方法。由于面向相同应用环境的网络服务通常趋向于功能同质化，为了能够有建设性地对网络服务进行对比并选出一个合适的服务，研究者们开始致力于考量服务的非功能性属性。一般来说，服务质量对用户至关重要。虽然服务选择领域已经有不少质量评价机制，但是随着质量属性数量的增加，高效的质量评价方法需要具有令人满意的可扩展性。基于层次分析法的评价机制能够满足一定的可扩展性。然而，这方面流行的方法均忽视了传统层次分析法需要完整的判断矩阵这个要求。在实际中，构造判断矩阵所需的所有信息总是由于种种原因而无法全部获得。因此，矩阵中的某些判断无法进行。针对残缺判断矩阵，本章提出用改进的层次分析法来完成残缺判断矩阵情况下的一致性分析和后续的排序。改进后的层次分析法不仅能够应对信息不足的情况，而且继承了传统层次分析法所有的优点。该方法的有效性通过实际生活中的一个详尽案例分析来说明。

第 8 章是对全书的总结与展望。首先，对本书进行总结；然后，概括本书内容的不足；最后，指出未来可继续探索的方向。

本书各章内容既相辅相成，又相对独立，读者可根据自己的兴趣和时间选择阅读。为保证各章内容的完整性，部分重要内容在相关章节均有介绍。

由于 Web 服务发现领域发展迅速，且分支领域众多，加上作者水平有限，成书时间仓促，书中疏漏之处在所难免，敬请读者批评指正。

作　者

2017 年 9 月

目　录

主要符号表

符号	符号名称
IQ_n	传入队列
OQ_n	传出队列
QQ_n	查询队列
AQ_n	应答队列
FQ_n	转发队列
pa_n	节点的处理能力
Q_n	查询队列占节点处理能力的百分比
A_n	应答队列占节点处理能力的百分比
F_n	转发队列占节点处理能力的百分比
$S=\{s_1,s_2,\cdots\}$	服务集合
$Q=\{q_1,q_2,\cdots\}$	服务质量属性集合
$U=\{u_1,u_2,\cdots\}$	用户集合
$R(u)$	信誉评估函数
α_k	信任阈值
U_t	可信用户集合
ω	可信用户个数的下限
θ	可信用户个数的上限
FL	设施（位置）集合
$N_f(fl_i)$	设施位置 fl_i 处共存的设施集合
$N_u(fl_i)$	设施（位置）同时并存的用户集合
$desp$	服务的描述
$N_{(i,1)}$	节点的一跳邻居集合
$d_{(i,1)}$	节点的一跳邻居个数
$N_{(i,2)}$	节点的两跳邻居集合
$d_{(i,2)}$	节点的两跳邻居个数
df_i	服务代理节点发起服务通告的频率
$d(n_i,n_j)$	节点 n_i 和节点 n_j 之间的连通水平
$d(n_i)$	节点 n_i 的连通水平
$d(N)$	包含 N 个节点的网络的连通水平
$\hat{l}$	网络的收敛程度

缩略语对照表

缩略语	英文全称	中文对照
W3C	World Wide Web Consortium	万维网联盟
WSDL	Web Service Description Language	网络服务描述语言
SOAP	Simple Object Access Protocol	简单对象访问协议
XML	eXtensive Markup Language	可扩展标记语言
SOA	Service-Oriented Architecture	面向服务的体系结构
UDDI	Universal Description Discovery and Integration	通用描述、发现和集成
DTD	Document Type Definition	文档类型定义
QoS	Quality of Service	服务质量
MCDM	Multiple Criteria Decision-Making	多准则决策
SQM	Service Quality Model	服务质量模型
MTTR	Mean Time To Repair	平均修复时间
MTBF	Mean Time Between Failure	平均无故障间隔时间
P2P	Peer-to-Peer	对等网络
VSM	Vector Space Model	向量空间模型
LSA	Latent Semantic Analysis	潜在语义分析
DaaS	Discovery as a Service	发现即服务
OWL-S	Ontology Web Language for Services	服务的本体论网络语言
AHP	Analytic Hierarchy Process	层次分析法
MANET	Mobile Ad hoc Network	移动自组织网络
DAML-S	DARPA Agent Markup Language for Services	服务的 DARPA 代理标记语言
DARPA	Defense Advanced Research Projects Agency	国防高级研究项目局
WSML	Web Service Modeling Language	网络服务建模语言
DSDV	Destination-Sequenced Distance Vector	目的地序列距离矢量
WSMO	Web Service Modeling Ontology	网络服务建模本体论
SAWSDL	Semantic Annotations for WSDL	基于 WSDL 的语义注释
DHT	Distributed Hash Table	分布式哈希表

续表

缩略语	英文全称	中文对照
CTM	Correlated Topic Model	相关性主题模型
FCA	Formal Concept Analysis	形式化概念分析
UPnP	Universal Plug-and-Play	通用即插即用
CR	Consistency Ratio	一致性比率
CI	Consistency Index	一致性指标
RI	Random consistency Index	随机一致性指标
DCN	Digital Community Network	数字社区网络
FLP	Facility Location Problem	设施位置问题
SLP	Service Location Protocol	服务位置协议
LLO	Local Location Optimization	局部位置优化
GLO	Global Location Optimization	全局位置优化
IETF	Internet Engineering Task Force	互联网工程任务组
GSD	Group-based Service Discovery	基于群组的服务发现
DA	Directory Agent	目录代理
SA	Service Agent	服务代理
UA	User Agent	用户代理

第1章

1 绪　论

1.1 网络服务研究背景

1995年，网景（Netscape）公司爆炸性的首次公开募股（Initial Public Offerings，IPO）获得了巨大的成功，同时其所产生的耀眼光芒向全世界展示了万维网（World Wide Web，WWW）这个新生事物[1]。正如信息技术先驱埃里克·施密特①所言："The day before the IPO，nothing about the Web；the day after，everything。"

随着互联网技术的创新和发展，网络已经不可阻挡地进入了人们日常生活的各个方面。人们可以在网上查阅文本信息、收发电子邮件、浏览多媒体资料和在线购物等。毋庸置疑，网络不仅给人们的生活带来了极大的便利，还促进了社会和经济的发展。互联网技术不仅改变了人们的学习、工作和生活方式，还极大地丰富了人们的精神世界。借助互联网技术，无数科幻作品中的场景和事物在当代变成随处可见、触手可及的现实。互联网是一个推崇个性及自由的虚拟空间，它为人们提供了发挥想象力和创造性的舞台。互联网的从业者和使用者在改进和推动其发展的过程中，不断地从人类社会文化的层面对其本质、概念及价值提出新的认识和见解。人类文明发展到今天，互联网技术所开启的信息时代不仅加快了人们日常生活的节奏，而且为天性好奇的人类提供了全新的求知方式，通过科学、高效地使用互联网，人类能够更快、更好地认识世界和改造世界。

蓬勃发展的互联网技术在为人们带来便利的同时也不可避免地引入了复杂性。在网络服务的应用层面，日益增多的服务类型和服务个数的井喷式增长给网络服务生态系统的良性发展带来了诸多挑战。在网络服务生态系统中，服务注册、服务发现和服务调用是三个关键的基本环节。其中，服务发现又是重中之重，服务发现涉及查找和定位满足特定需求的网络服务。针对服务的描述文档进行朴素的文本查找是服务发现的经典形式，但是由于自然语言构成的文本通常是非形式化的，这导致服务的描述文档经常具有歧义。因此，经典形式的文本查找方法并不能获得高效的和令人满意的结果。此外，大量面向相同应用领域的同质化（Homogenous）服务极大地增加了服务发现的复杂性和困难程度。面对日益复杂的网络环境和应用场景，如何高效地进行服务发现，为服务请求者提供符合其需求的、最合适的服务是一个具有挑战性的问题。因此，探讨服务发现领域所面临的问题，分析和总结已有服务发现技术的利弊，进而提出科学高效的服务发现解决方案十分必要。

① 埃里克·施密特，现任谷歌（Google）公司执行董事长。

1.2 网络服务技术概述

文献[2]以“服务中包含什么？”为标题对如何给网络服务的非功能性属性给出精确的描述展开了探讨，其对服务（Service）的定义为“由一个实体代表另一个实体执行的操作，且该操作涉及价值的转移”。在网络环境下，服务的例子可能是打印文档、执行科学计算、数据存储等。万维网联盟（World Wide Web Consortium，W3C）为与网络服务技术相关的术语做出了如下定义[3]：

网络服务（Web Service）是一个软件系统，该软件系统用来支持网络上机器与机器之间的互操作。网络服务拥有一个由机器可处理格式即网络服务描述语言（Web Service Description Language，WSDL）描述的界面。与网络服务进行交互的其他系统根据其描述使用简单对象访问协议（Simple Object Access Protocol，SOAP）消息与之进行交互，通常基于 HTTP 使用一系列可扩展标记语言（eXtensive Markup Language，XML）描述的内容，此外还使用其他的一些网络标准。

面向服务的体系结构（Service-Oriented Architecture，SOA）是指一系列可被调用的构件（Components），这些构件的接口描述可以被发布（Publish）和发现（Discovery）。图 1.1 展示了面向服务的体系结构中的三种角色及相关的基本操作。

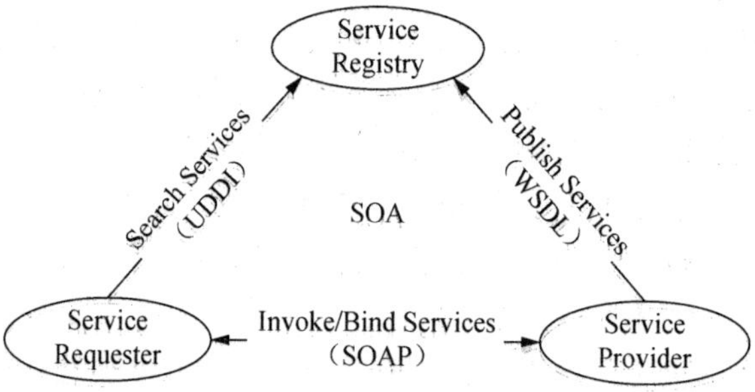

图 1.1　面向服务的体系结构

三种角色分别为服务提供者（Service Provider）、服务请求者（Service Requester）和服务注册中心（Service Registry）。相关的基本操作为服务发现、服务发布和调用/绑定。在面向服务的体系结构中，只有服务的描述被发布后，该服务才可以被服务请求者发现和调用。服务提供者将自身的服务通过网络服务描述语言向服务注册中心进行注册，服务请求者通过向服务注册中心发起服务查询来寻找和定位所需的服务，具体来说是根据服务描述来确定合适的服务，所涉及的协议标准是通用描述、发现和集成（Universal Description Discovery and Integration，UDDI）。在找到合适的服务后，服务请求者根据从服务注册中心处获得的服务接口信息通过标准传输协议进行服务调用，所涉及的协议标准是 SOAP。服务注册中心的功能是接受服务注册和服务查询，其负责存储和发布服务的描述信息。文献[4]将服务的获取和使用过程总结为如下六个步骤：

1）注册（Registry）：服务提供者将所需的服务信息提交至服务注册中心（如UDDI）。

2）发布：服务注册中心接受服务提供者的服务注册并通知其他的服务注册中心。

3）查找（Find）：服务请求者将需求包含进服务查询中，将服务查询发给服务注册中心。

4）响应（Response）：服务注册中心对服务请求者发出的服务查询进行应答，服务请求者获取服务的描述文档（如WSDL文档）。

5）调用（Invoke）：基于服务的描述文档，服务请求者向服务提供者发起服务请求（Service Request）。

6）绑定（Bind）：服务提供者生成服务请求的结果，并进行应答。

下面介绍服务接口、服务语义、服务描述以及服务发现的概念。

服务接口（Service Interface）：服务对外暴露的抽象边界。接口不仅定义了与服务进行交互时涉及的消息类型和消息交互的模式，而且包括了与消息相关的各类条件。

服务语义（Service Semantics）：与服务进行交互时期待其所表现出的行为。

语义表达了服务提供者与服务请求者之间的一种协定（不一定是法律意义上的协定），其表示调用该服务所产生的效果。服务的语义既可以用机器可读的形式来进行形式化的表示，也可以用服务提供者与服务请求者之间的约定来进行非形式化的表示。

服务描述（Service Description）：文档的集合，该集合用来描述服务的接口和语义。

服务发现（Service Discovery）：对和网络服务相关的资源的机器可处理的描述的定位行为。该资源可能之前是未知的，并且能够满足一定的功能性条件。服务发现涉及一系列功能性条件及其他条件与一系列资源描述之间的匹配，目的是找到合适的与网络服务相关的资源。

除了标准化组织和学术界所做的贡献外，业界的商业公司也对网络服务技术的发展起到了重大作用，如微软（Microsoft）公司、国际商用机器（International Business Machine，IBM）公司等。微软公司对网络服务技术的架构建模为安全（Security）、可靠的消息收发（Reliable Messaging）和松耦合系统之间的事务处理（Transactions），整个模型是基于XML和SOAP标准的，见图1.2[5]。针对图1.2中的六个模块，微软公司制定了一系列说明文档，见表1.1。

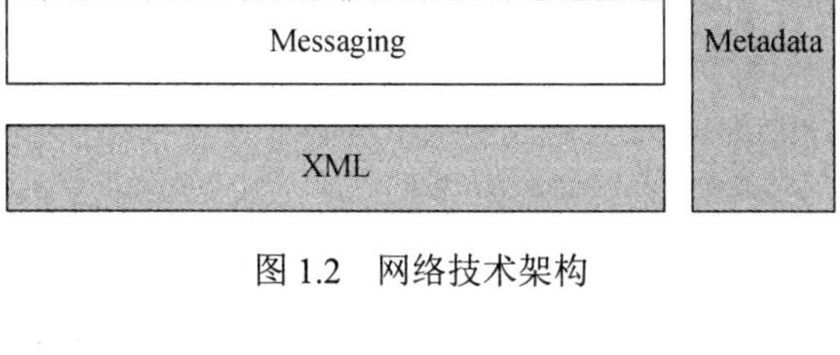

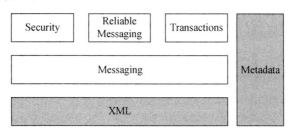

图1.2 网络技术架构

表 1.1 网络服务技术模型说明文档

模块	文档
Messaging	SOAP, WS-Addressing, MTOM, WS-Enumeration, WS-Eventing, WS-Transfer, SOAP-over-UDP, SOAP 1.1 Binding for MTOM 1.0
Security	WS-Security: SOAP Message Security, WS-SecureConversation, WS-Security: Username Token Profile, WS-Security Policy, WS-Trust, WS-Security: X.509 Certificate Token Profile, WS-Security: Kerberos Binding, WS-Federation, WS-Federation Active Requestor Profile, WS-Federation Passive Requestor Profile, Web Single Sign-On Interoperability Profile, Web Single Sign-On Metadata Exchange Protocol
Reliable Messaging	WS-Reliable Messaging
Transactions	WS-Coordination，WS-Atomic Transaction，WS-Business Activity
Metadata	WSDL, WS-Policy, WS-Discovery, WS-MTOM Policy, WSDL 1.1 Binding Extension for SOAP 1.2, WS-Policy Assertions, WS-Policy Attachment, WS-Metadata Exchange
XML	XML, Namespaces in XML, XML Information Set

在 Messaging 模块中，SOAP 无疑占据着至关重要的位置。总的来说，SOAP 是在分布式环境下为信息交互提供支持的一个轻量级协议。该协议是基于 XML 的，由以下三部分构成：

1）定义描述消息内容和如何处理消息的信封框架。

2）表达应用程序自定义数据类型实例的编码规则集。

3）表述远程过程调用和响应的约定规范。

尽管 SOAP 可以与多种其他协议结合起来使用，但是微软公司只定义了 SOAP 与超文本传输协议（Hyper Text Transfer Protocol，HTTP）及其扩展协议的联合使用方法。

微软公司针对网络服务环境下的安全策略主要由 WS-Security（Web Service Security）来阐述，其定义的网络服务安全模型支持并集成了若干个流行的安全模型、安全机制和安全技术（包括对称加密和非对称加密技术）。集成后的安全模型使得各个系统能够在统一的平台下进行互操作。

Reliable Messaging 模块描述了使消息能够在分布式的应用程序之间可靠传输的协议，其能够应对软件构件、系统甚至网络的失效。该协议可以使用不同的传输层技术来进行实现，其定义的 SOAP 绑定使得网络服务之间可以进行互操作。

Transactions 模块的 WS-Coordination 文档定义了两种协调类型（Coordination Type）：原子交易（Atomic Transaction，AT）和商业活动（Business Activity，BA）。当对分布式行为的结果有保持一致性的要求时，开发者在绑定应用程序时可以使用上述任意一个协调类型。

在 Metadata 模块中，WSDL 提供了定义网络服务的基本消息描述和元数据的方法。具体来说，WSDL 定义了描述网络服务的语法，该语法基于 XML。作为描述网络服务的工业标准，WSDL 是将网络服务描述为一系列端点（Endpoint）的集合的一种 XML

语法格式，通过这些端点来操作包含面向文档的或面向过程的信息的消息报文。其定义了网络服务的三个方面：服务是什么（即服务的接口），对应 portType 元素、message 元素和 type 元素；访问规范（即怎样使用服务），对应 binding 元素；服务的位置（即服务在哪里），对应 port 元素和 service 元素。操作和消息都是以抽象的形式进行描述的，在具体使用时根据实际的网络协议和消息格式来定义端点。也就是说，无论具体的通信使用什么样的消息格式和网络协议，WSDL 都可以描述端点。微软公司仅对如何将 SOAP 1.1、HTTP GET/POST 和多用途互联网邮件扩充（Mutipurpose Internet Mail Extensions，MIME）与 WSDL 联合使用进行了定义。

在 XML 模块中，扩展标记语言定义了人工和机器都可读的规则集合来对文档进行编码。XML 文件由可选的序言（Prolog）、文档的主体（Body）及可选的尾声（Epilog）构成，其语法主要包括声明、元素、注释、内嵌的替代符、处理指令及字符数据（Character Data，CDATA）。对于具体的 XML 文档来说，由于文档类型定义（Document Type Definition，DTD）具有以下缺点：具有非 XML 的语法规则；基于正则式表达，描述能力有限；不支持多样的数据类型；不支持结构化；扩展性较差。Schema 文件具有以下优势：一致性，采用 XML 语法；扩展性，支持继承，可以构造新的模式；易用性，简单易用；规范性，有专门的规定。因此，XML Schema 基本上已经取代了 DTD 的地位，成为业内公认首选的 XML 环境下的建模工具。

InnoQ 公司对网络技术的相关标准做了完整、细致的归类[6]，其所总结的框架见图 1.3。由于篇幅所限，对其中 12 个模块所包含的具体内容不做讨论。

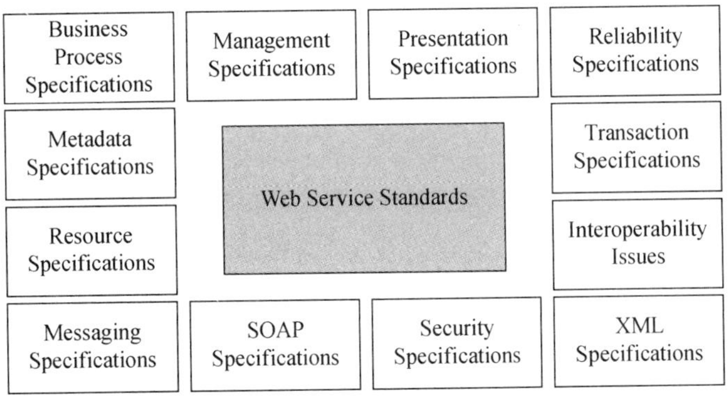

图 1.3　网络技术相关标准

文献[7]将网络技术体系建模为栈式结构，见图 1.4。最底层的技术是网络通信技术，涉及一些主流的协议，如 HTTP、SMTP 和 FTP 等。网络服务技术的基础是 XML、DTD 和 Schema 等，在这些基础技术之上是网络服务的消息、描述及过程。此外，安全（Security）和管理（Management）两个模块贯穿了整个栈式结构。

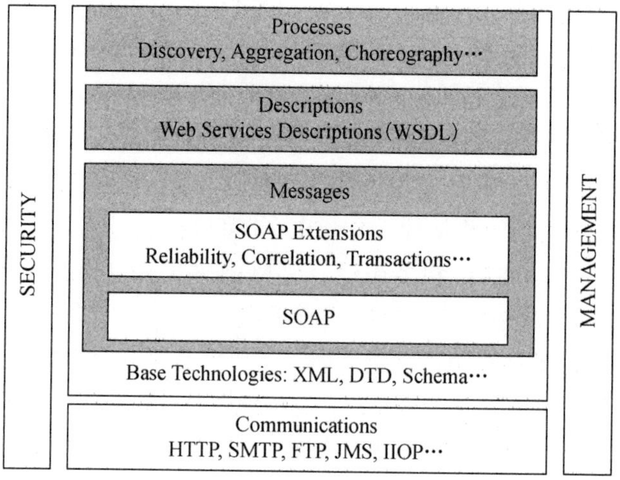

图 1.4　网络技术体系栈式结构

第2章 服务发现

2.1 服务发现与服务选择

前述文献[2]将服务发现定义为对和网络服务相关的资源的机器可处理的描述的定位行为。该资源可能之前是未知的，并且能够满足一定的功能性条件。其涉及一系列功能性条件及其他条件与一系列资源描述之间的匹配，目的是找到与合适的网络服务相关的资源。除了万维网联盟（W3C）组织的上述定义，学界和业界还对服务发现进行了其他形式的描述。

文献[8]将服务发现定义为寻找并定位网络上服务的行为或过程。文献[9]将服务发现定义为定位与给定需求相关的现有服务的过程，给定的需求基于对服务的功能性描述和非功能性描述。文献[10]将服务发现定义为一种机制，该机制使得服务请求者能够获取服务描述，并且可以与应用程序做运行时绑定。文献[11]将服务发现定义为将服务的功能与服务查询中包含的用户请求进行匹配。

文献[12]将服务发现定义为两个子过程：服务匹配（Service Matchmaking）和服务选择（Service Selection）。服务匹配根据服务请求者的功能和质量需求来对服务提供者所通告的服务进行过滤。服务选择根据服务请求者的偏好对服务匹配的结果进行排序。最后由服务请求者在经过排序的服务列表中选择最合适的服务。上述定义将服务选择作为服务发现的一个环节，即首先获得现有可用服务的集合，然后根据一定的准则对该集合中的服务进行排序，最终选取出最合适的服务。文献[13]针对即将进行服务组合的候选服务集合中的服务选择问题做了服务质量（Quality of Service，QoS）属性方面的分析，阐述了在进行服务组合之前，首先必须发现候选的服务，然后对服务进行选择，服务发现是服务选择的一个先决条件。作者认为服务发现处理的是寻找与确定的服务查询所对应的服务集合，而服务选择是在这些已经找到了的服务中选出一个最合适的。

已有的服务选择研究工作主要分为以下四类：基于语义的[14-16]、基于上下文感知的[17-21]、基于信任与信誉的[22-26]及基于服务质量的。上述研究工作主要关注针对已有的服务集合来选出最合适的服务，目前来说基于服务质量的方案与模型占主流。因此，由于篇幅所限，本章对服务选择领域已有工作的讨论主要集中在基于服务质量的大类上。

在服务选择的过程中，时常出现需要对服务进行替换的情况。文献[27]提出的方案允许在运行时基于服务质量属性的历史数据对排名策略进行改变。

文献[28]分析了服务选择的全局最优策略和局部最优策略，从局部最优的角度切入，设计了基于多维度服务质量的服务选择方案，通过对客观/主观赋权模式的组合为服务质量属性赋予权值，并设计了服务平台来评估所提出模型的性能。

文献[29]针对不同时间段的服务质量历史数据实施了多准则决策（Multiple Criteria Decision-Making，MCDM）分析来进行服务选择，最终的结果根据服务请求者的偏好来聚合产生。

文献[30]和文献[31]对为多个用户获得整体的服务选择结果进行了研究，前者提出的多用户服务选择模型首先用服务过往使用者的经验来预测缺失的服务质量属性值，然后通过文中设计的快速匹配方法来获取多个用户的服务选择结果。后者基于 k 中点设施位置问题设计了局部搜索算法和贪心算法，其方案可以为一组用户提供低连接开销的服务选择结果。

文献[32]通过满足服务请求者的多个服务质量需求来寻找合适的服务，作者考虑了服务的响应时间、信任程度和花费。

文献[33]提出了用基于邻居的协同过滤方法来预测服务选择中未知的服务质量属性值。该方法通过相似性计算来消除不同服务质量量度（QoS Scale）造成的影响，其引入的数据平滑过程（Data Smoothing Process）可以提升预测的准确性。为了解决数据稀疏性（Data Sparsity）问题，作者引入了相似性融合（Similarity Fusion）方法。

现有的网络服务技术标准在服务表示上大多有一些限制，如服务注册不支持服务质量属性，不允许指定服务质量属性的服务描述语言，以及针对服务存储没有通用的本体论（Ontology）结构。针对上述问题，文献[34]通过改进服务的表示使服务选择和服务组合过程更加容易。通过对现有文献的分析，作者针对服务质量定义了称为 WSOnto 的本体论，该方案考虑了若干输入准则（Criteria of Inputs），如上下文、服务的功能性及非功能性属性。其所提出的基于服务质量属性的服务选择算法可以为服务请求者自定义的业务流程提供很好的重构支持。

文献[35]提出了一个免疫阴性选择算法（Negative Selection immune Algorithm，NSA）来实施基于服务质量感知的服务选择。这是此类算法第一次被引入服务选择领域。该方案中，作者将免疫阴性选择算法的域术语和操作针对服务选择问题进行了重定义，并详细描述了如何利用阴性选择原则来解决服务选择问题。

文献[36]提出的基于图的粒子群优化（Particle Swarm Optimization，PSO）技术可以在确定最优化工作流的同时基于服务的质量属性将近似优化的网络服务包含进服务组合过程中。此外，其还提出了基于贪心算法的粒子群优化技术。两种技术的比较显示在给定的条件下，基于图的方案在性能方面要优于基于贪心算法的方案。

文献[37]的研究亮点在于其调研了现实世界中的服务质量数据，该成果能够为将来的研究提供可重用的数据集。具体来说，作者获取了互联网上全球范围内 21358 个网络服务的访问地址，超过 80 个国家的用户进行了多达 3000 万次的服务调用，详细的评估结果及网络服务的服务质量数据可以在网络上自由获取。

在第 1 章所提到的若干技术标准中，没有对术语“服务选择”进行定义。从服务提供者和服务请求者的角度来看，由于服务发现与服务选择在具体的应用范畴上界限不是很明显，所使用的技术也存在重叠，更重要的是其目标都是服务请求者能够获得最合适的服务。因此，在本书的余下章节中，主要从服务发现的概念和角度进行论述，并且对术语“服务发现”和“服务选择”不做特别地区分。

2.2 服务质量模型

服务质量模型（Service Quality Model，SQM）是指对质量范畴的定义或具体质量属性的列表。常见的质量范畴有性能（Performance）、安全性（Security）等。质量范畴内通常又包含若干个质量属性。例如，对于质量范畴性能来说，其可以包含的质量属性有响应时间、吞吐量等。

文献[38]将服务质量属性的表示形式分为三类：单值、多值和标准统计学分布。在文献[39]和文献[40]中对服务质量的量度是用常量值表示的。由于服务质量属性随着网络服务的具体应用环境变化较大，单值的服务质量模型很难适应这类变化。因此，研究者们引入了标准统计学分布来对服务质量进行建模，文献[41]提到服务质量的量度可以被指定为分布函数（Distribution Function），如指数分布函数、正态分布函数、威布尔（Weibull）分布函数和均匀分布函数。文献[42]指出服务请求者与服务提供者之间的联络可以被表示为服务质量的概率分布，作者使用了带位置和尺度的 t 分布（t location-scale 分布）来适应网络服务的原始服务质量数据。然而，在实际中的服务质量概率分布可能是任意的形态。因此，主流的研究工作都选择若干服务质量属性来对所提出的方法和模型进行性能评价。

常见的服务质量属性有价格/花费（Price/Cost）、延迟（Delay）、吞吐量（Throughput）、可获得性（Availability）、处理时间（Process Time）等。价格/花费通常是指服务请求者调用一次服务需要支付给服务提供者的费用。延迟通常表示从服务请求者发出服务请求到收到服务应答所需的时间。吞吐量通常表示给定时间段内服务被调用的总次数。可获得性有时又用在线时间（Uptime）来表征，通常是指服务可以被正常访问的概率，其表示形式一般涉及平均修复时间（Mean Time To Repair，MTTR）和平均无故障间隔时间（Mean Time Between Failure，MTBF）。处理时间的概念本身比较宽泛，其可以表示服务端从收到服务请求到生成服务应答所需的时间，此时处理时间也被称为时延（Latency）；其也可以表示服务请求者从发出服务请求到收到服务应答所需的时间，此时处理时间也被称为响应时间（Response Time）或执行时间（Execution Time）。下面对已有的工作中的服务质量属性进行归纳。

文献[8]将可获得性定义为获得响应的服务请求个数与总服务请求个数的比值。

文献[39]对以下服务质量属性进行了定义：

吞吐量：表示单位时间内可处理的数据量，单位为 B/s。

在线时间概率（Uptime Probability）：表示服务成功执行的概率。

文献[43]对以下服务质量属性进行了描述：

可获得性：服务在线的概率，可以按照式（2-1）来计算[44]，其中$\langle upTime \rangle$是系统在测量时间段内总的在线时间，$\langle downTime \rangle$是系统在测量时间段内总的离线时间。

$$Availability = \frac{\langle upTime \rangle}{\langle totalTime \rangle} = \frac{\langle upTime \rangle}{(\langle upTime \rangle + \langle downTime \rangle)} \tag{2-1}$$

持续可获得性（Continuous Availability）：在给定的时间段内，服务请求者可以无限次访问服务的概率，在该时间段内期望服务不会失效并且能够维持所有状态信息。持续可获得性不同于可获得性，前者要求服务在成功执行后的短时间内依然能够正常访问。

可靠性（Reliability）：在给定的时间段内，服务能够在服务描述所声称的条件下正常运行的能力。其通常由平均无故障间隔时间来度量。

失效语义（Failure Semantics）：服务应对失效的能力，其是一个复合属性，包含失效掩码（Failure Masking）、操作语义（Operation Semantics）、异常处理（Exception Handling）和弥补行为（Compensation）。失效掩码用来描述服务将什么样的失效情况暴露给用户。操作语义用来描述服务在失效的情况下如何对服务请求进行处理。由于网络程序开发者不可能考虑所有情况，异常处理用来描述如何应对这些情况。弥补行为用来处理在服务调用过程中需要进行滚回的操作。

健壮性（Robustness）：表示服务在面临非法的、不完全的及互相冲突的输入时能够正常执行的程度。

可扩展性（Scalability）：表示服务提供者的系统增加计算能力的本领及系统能够在给定时间段内处理更多操作的能力。

文献[45]对以下服务质量属性进行了阐述：

时延：从服务提供者收到服务请求到生成服务应答所用去的时间。

可靠性：服务调用行为的成功率，即调用成功的次数与总的请求调用次数的比值。

执行价格（Execution Price）：服务请求者对服务的一次调用需要支付给服务提供者的费用。

信誉（Reputation）：最近一次结束的服务调用中服务请求者使用某种合适的方法对服务在可信性（Trustworthiness）方面进行的评估。

文献[13]对以下服务质量属性进行了定义：

花费：服务请求者执行一次服务需要支付给服务提供者的费用。

执行时间：从服务提供者发出服务请求到接收到服务应答所用去的时间。

信誉：用来度量服务的可信性，基于使用过该服务的用户意见来产生。

可获得性：服务能够被访问并且使用的概率，即服务对服务请求进行应答的次数与针对该服务的总请求次数的比值。

文献[4]对以下服务质量属性进行了描述：

可获得性：在给定的时间段内，服务对服务请求进行响应的概率。

可访问性：服务正常工作并且能够迅速处理服务请求的概率。

吞吐量：服务在给定的时间段内能够处理的服务请求的个数。

响应时间：从服务请求者发出服务请求到接收到服务应答用去的时间。

价格：每次服务交易（Transaction）服务提供者对服务请求者收取的费用。

文献[46]对以下服务质量属性进行了阐述：

执行价格：服务请求者执行一次服务需要支付给服务提供者的费用。

执行时间：服务请求发出后至收到服务执行结果所用去的时间。

可靠性：在服务描述所指定的最大允许时间内给出服务应答的概率。

可获得性：服务能够被访问的概率。

信誉：用来度量服务的可信性（Trustworthiness），主要基于过往服务请求者对服务的体验。

文献[47]对以下服务质量属性进行了定义：

响应时间：服务请求者发出服务请求后到接收到服务应答所用去的时间，单位为ms。

可获得性：对服务的成功调用次数与总的调用次数的比值。

吞吐量：在给定的时间段内服务调用的次数，单位为每秒调用次数。

可靠性：错误消息的个数与总的消息个数的比值。

时延：服务提供者处理某个给定服务请求所需的时间，单位为ms。

2.3 服务发现方式

文献[7]给出了服务发现的三种方式：注册表（Registry）、索引（Index）和对等（Peer-to-Peer，P2P）网络。

注册表是对信息进行权威性、集中式控制的方式。对服务描述的发布需要由服务提供者主动进行，即其必须显式地将服务信息向注册表进行注册。注册表的所有者决定哪些服务提供者可以将服务信息放置于注册表，未经过授权的服务提供者不能够进行服务注册。此外，注册表的所有者决定什么样的信息可以放置于注册表。UDDI是注册表方式的一个典型例子。

索引是服务信息的汇编或指引手册。与注册表不同，索引并不对其引用的信息进行权威性集中式控制。索引中服务信息的发布是被动的，服务提供者将服务的功能性描述暴露于网络中，对某些服务感兴趣的索引所有者会在服务提供者不知情的情况下对其进行收集。任何组织和个人都可以创建自己的索引，使用网络爬虫等程序可以将网络中暴露的服务信息编入某个索引。因此，索引中包含的信息有可能是过时的。由于索引指向的是服务提供者，因此服务信息可以在使用之前验证是否过期。谷歌搜索是索引方式的一个典型例子。

对等网络方式提供了不依赖于集中式注册表的服务发现方式，其使网络服务可以互相进行动态发现。对等网络方式的服务发现不需要集中式的注册表，即任意网络中的任意节点都可以对收到的查询进行应答，其不具有集中式服务发现方式的单点失效弱点，每个节点都拥有自身知晓服务的索引。节点之间直接联系，获取到的信息的新鲜度（Freshness）要优于注册表方式和索引方式。对等网络系统较高的连接度保证了服务发现所需的可靠性，网络中的节点在大多数情况下充当着中继者的角色。由于网络的开放性和对等性，不能保证服务查询一定能够获得可用的查询结果。

2.4 服务发现体系结构

服务发现体系结构方面早先的代表作为文献[48]，其将服务发现体系结构分为三类：间接的（Mediate）、直接的（Immediate）和混合的（Hybird），作者对上述三类体系结构的分析基于的假设是所有节点都是非恶意的（Non-Malicious）、合作的（Cooperative）和可信的（Trustworthy）。间接的体系结构又被称为基于协调者（Coordinator）的体系结构[49]，这种体系结构中的服务请求者和服务提供者都依赖于协调者或服务目录来进行服务发现。直接的体系结构又被称为基于分布式查询的体系结构[49]，这种体系结构中不具有协调者或服务目录，服务请求者和服务提供者通过发送服务请求和服务通告来完成服务发现。当上述两种体系结构的功能特性共存时，得到的就是混合的体系结构。文献[50]通过仿真实验指出混合的体系结构所具有的服务可获得性要明显优于其他两种体系结构。

随着网络服务技术的发展和完善，文献[9]和文献[51]针对服务发现体系结构给出了相同的三种新分类：基于目录的体系结构（Directory-based Architecture）、无目录的体系结构（Directory-less Architecture）和混合的体系结构（Hybrid Architecture）。在基于目录的体系结构中，节点有三种可能的角色：服务提供者、服务请求者和服务目录。服务提供者向服务目录注册自身的服务，服务请求者只能通过网络中的服务目录来获得服务的相关信息。在无目录的体系结构中，只存在服务提供者和服务请求者，不存在服务目录，因此不需要服务目录的选择和维护机制。服务提供者通过广播服务通告来宣传自身的服务信息，服务请求者通过广播服务查询来主动获取服务信息，上述两个操作可以同时发生。早期的无目录的体系结构中只有服务提供者能够对服务查询进行应答，后来位于服务提供者和服务请求者之间的中间节点也可以基于自身中继缓存过的服务应答消息来对服务查询进行应答。在混合的体系结构中，如果服务提供者发现其周围存在服务目录，则向服务目录进行服务注册；如果没有，则只进行服务通告的广播。对于服务请求者来说，如果其周围存在服务目录，则服务请求者向服务目录发送服务查询；如果没有，则将服务查询进行广播。因此，服务请求者收到的服务应答可以来自服务提供者和服务目录。上述三种服务发现体系结构的进一步细分类型见图 2.1[51]。

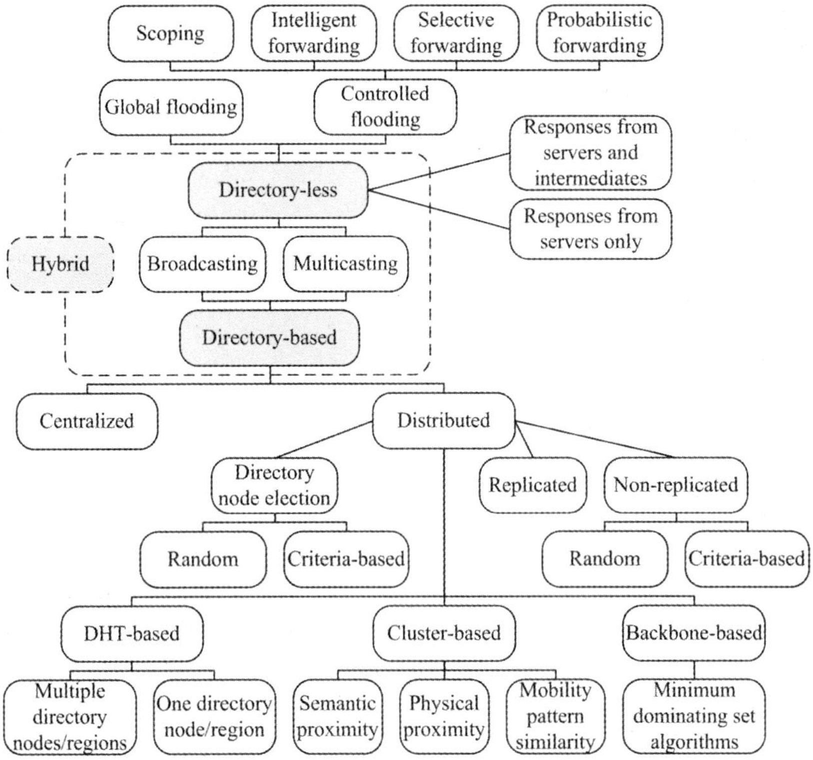

图 2.1 服务发现体系结构及其分支

2.5 服务发现技术

2.5.1 基于功能性描述

在基于功能性描述的服务发现技术中，通常将服务通告所包含的功能性细节与用户请求的功能性描述进行匹配。文献[52]通过将服务查询中的关键字集合和类别与服务描述中的信息进行匹配来进行服务发现。文献[53]基于向量空间模型（Vector Space Model，VSM）中的余弦量度来针对相关的向量进行匹配，该向量可以包含关键字、操作和参数名称等。文献[54]通过服务接口中包含的功能性操作来进行匹配，用户请求的功能可以通过输入/输出参数及参数类型等构成的操作签名（Operation Signatures）来和服务描述进行匹配。文献[55]提出了基于自动化测试的服务发现方法，该方法通过自动生成和执行测试用例来进行服务发现。文献[56]使用名为通信系统积分（Calculus of Communicating Systems，CCS）的代数理论来对服务的行为进行建模，在将服务查询与服务描述进行匹配时应用了行为等价理论（Behavior Equivalence Theory）和逆向工程（Reverse Engineering）方法。文献[57]和文献[58]使用网络爬虫和搜索引擎来定位网络上有用的 WSDL 文档和服务信息，此类方法称为基于信息获取的（Information Retrieval-based，IR-based）服务发现方法，通常将获取到的 WSDL 文档中的信息应用潜在语义分析（Latent Semantic Analysis，LSA）或向量空间模型与服务查询进行匹配。文献[59]提出用功能性语义来描述服务的功能与服务查询，服务的功能和服务查询分别用两种不同的域操作描述格式来表示，该方法需要面向域的功能性本体论（Functional Ontology）来支持服务查询和服务通告的语义注释（Semantic Annotation）。在文献[60]和文献[61]中，服务的功能性元素及其概念之间的关系通过域本体论（服务本体论）来表示，进而由匹配算法对服务描述和服务查询进行比对。

2.5.2 基于非功能性描述

对于普通的用户来说，非功能性描述在服务发现过程中在用户心理上比功能性的描述所占的比例更多，其是对潜在服务体验的一种承诺。基于非功能性描述的方法中相当一部分是针对服务质量感知的，此类方法稍后单独讨论。文献[62]提出的方法通过计算服务查询和服务描述之间可用性和语义的匹配程度来进行服务发现，其中可用性使用预测值来表示需求与服务描述的近似程度。文献[63]基于服务使用数据（Service Usage Data）来协助对所需服务的查询，这些服务使用数据来自其他用户的服务体验。文献[64]提出的基于模糊理论的服务发现方法使用服务查询中的用户期望和偏好来查找合适的服务。

2.5.3 基于对等网络技术

由于集中式的服务发现方法通常受限于单点失效、弱的可靠性、差的可扩展性等，因此越来越多的研究者开始关注分布式环境下的服务发现。文献[65]基于对等网络协议 Chord 开发了一个名为 Chord4S 的分布式服务发现模型。该模型以分布式的方式支持服务描述和服务发现，其利用了 Chord 协议中节点的组织、数据的分发以及对查询的转发。该模型的主要目标是在不稳定的网络环境下提升服务描述的可获得性。文献[66]提出了基于对等网络环境的自治模型来提供协同的服务发现。文献[67]提出了非结构化对等网络中基于服务感知的服务发现方法。该方法通过两个阶段，即服务注册阶段和服务发现阶段进行部署，具体如下：对于非结构化对等网络中的节点，首先将自身知晓的服务的功能性和非功能性信息通过洪泛的方式向邻居节点进行注册，然后基于服务质量感知的服务发现方法根据网络流量通过概率性的洪泛方式来进行服务发现。发现即服务（Discovery as a Service，DaaS）概念的提出给对等网络环境带来了很大的挑战，文献[68]提出了利用不同的域本体论（Domain Ontology）来处理语义同质化问题的服务发现方法。文献[69]提出了基于 Chord 协议的语义服务发现系统，将服务质量融入服务的本体论网络语言（Ontology Web Language for Services，OWL-S）中来对服务进行描述，其存储方式是基于 Chord 协议的分布式存储，服务发现过程使用的是基于服务质量属性的本体论网络语言（Ontology Web Language for Quality of Service，OWL-QoS）的匹配算法。

在对等网络技术被广泛应用在服务发现领域的背景下，大部分现有的工作仅关注对服务的功能性属性进行匹配，而忽视了非功能性属性，如服务质量属性。文献[70]提出的基于服务质量感知的服务发现方案，首先将服务映射至虚拟的空间中，以将所有服务质量属性分布于对等网络节点上，然后设计分布式的决策树来支持带有服务质量属性需求的服务查询，同时其还提出了减轻消息开销的负载均衡算法。

为了减少服务发现的网络通信开销和提高服务查询效率，研究者们开始关注对等网络环境下基于语义的分布式服务发现方案。文献[71]提出的对等网络环境下基于语义的分布式服务发现方案，首先构建了本体论模型（Ontology Model）来描述服务的类型，然后基于语义服务分类对查询的起始节点进行定位。另外，其提出了双层的并行服务发现方法，对于UDDI层，使用了经典的关键字匹配来在UDDI中心进行查询；对于语义层，针对服务本体论模型使用了语义查询和推理。

文献[72]针对物联网环境提出了可扩展的、自治的服务发现方案。该方案基于对等网络架构，旨在提供自动化的服务发现机制，且在服务发现的过程中不需要人工干预其配置。其所包含的局部服务发现和全局服务发现既保持相互之间的独立性，又可以进行信息沟通。

面向服务体系结构和对等网络环境的结合极大地方便了跨企业的服务整合和服务发现。然而，分布式环境下大量动态的、同质化的服务资源也带来了可扩展性和效率方面的挑战。文献[73]提出的自治对等网络的模型支持可扩展的、高效的跨企业服务发现。

2.5.4 基于服务质量属性

文献[74]将基于服务质量属性的服务发现方法分为三类：语义（Semantic）类、语法（Syntax）类和UDDI类。

在语义类方法中，文献[69]提出了基于Chord协议的语义服务发现系统。该系统将服务质量融入OWL-S中来对服务进行描述，其存储方式是基于Chord协议的分布式存储，服务发现过程使用基于OWL-QoS的匹配算法。文献[75]提出了两种服务发现方法，一种基于服务质量属性，另一种基于操作符对比，此外还引入了推荐样本（Sample of Recommendation），不足之处是没有考虑不同用户的需求差异。文献[76]构建了基于服务质量属性的服务发现平台，软件开发者可以通过该平台使用面向对象的概念（如继承和多态）来与相对平台独立的服务本体论结合。

在语法类方法中，文献[77]提出了WSDL文档短语的编码技术，并基于该技术设计了基于信息获取的服务发现方法。

在UDDI类方法中，文献[78]通过协同过滤对所获取的错误的服务质量信息进行过滤，设计了服务发现的可信平台。文献[79]和文献[80]使用聚类算法提出了基于服务质量属性的服务发现方法，前者将UDDI标准进行了扩展，引入了一个基于历史数据对未来服务质量进行预测的构件。后者使用粒子群优化（Particle Swarm Optimization，PSO）算法来对服务质量数据进行全局优化。文献[81]和文献[82]提出了基于用户打分值进行服务质量预测的服务发现方法，前者基于层次分析法（Analytic Hierarchy Process，AHP）理论提出了协同服务质量感知的服务选择方法，后者基于服务调用所得的服务质量数据与上下文的关系提出了服务发现模型。文献[83]使用多角度的服务质量分类方法对服务质量属性进行划分，并基于该分类模型计算服务的排名。

文献[84]提出一个扩展的 UDDI 模型，该模型在传统的面向服务体系结构中引入了一个新的服务质量认证者。如图 2.2 所示，服务质量认证者（Service QoS Certifier）验证某个服务的质量是否与其提供者在 UDDI 注册的数据吻合，因此服务请求者可以通过向服务质量认证者发送查询请求来验证目标服务的服务质量，但是该方法没有提供具体的算法来验证服务提供者所声称的服务质量的可信度。

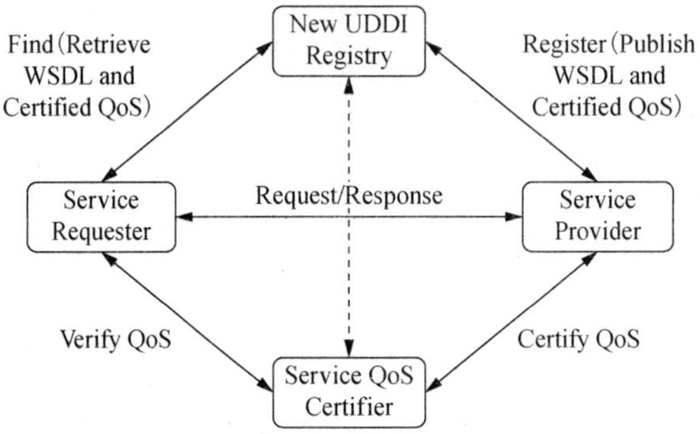

图 2.2 服务注册和发现模型

文献[85]基于不同类型的服务质量属性提出了三段服务发现机制。如图 2.3 所示，该机制首先进行功能性匹配（Functional Matchmaking）；在基于文本的服务质量匹配（Text-based QoS Matchmaking）阶段，关键字和服务分类的查询由 UDDI 来提供；基于数字的服务质量匹配（Numeric-based QoS Matchmaking）阶段包含两种情景：单个的基于服务质量的服务发现和基于服务质量的优化，前者为服务提供者选择最好的服务质量属性，后者在整个工作流中选择具有最佳性能的服务。

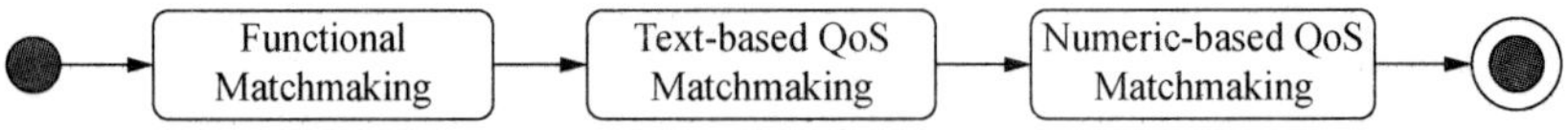

图 2.3 三段服务发现模型

文献[86]针对移动自组织网络（Mobile Ad hoc Network，MANET）提出了基于服务质量的服务发现方案。该方案构建在基于簇（Cluster）的拓扑上，簇头（Cluster Head，CH）的功能为维护网络中服务的目录并对用户所提供的服务提供者的服务质量数据进行聚合。因此，簇头可以拥有高质量的服务质量数据，进而可以针对用户的服务请求来提供合适的服务。

在不可信的实际网络环境中，基于服务质量的服务发现方法通常无法验证所获得的服务质量数据，服务提供者所承诺的服务质量数据与实际数据吻合的情况也很少发生。文献[4]基于服务质量和协同过滤提出了一个可信的两段服务发现机制。该机制可以在分布式环境下发现并为用户推荐所需的服务，同时还纠正了不正确的服务质量信息。

2.5.5 基于上下文感知

对于基于匹配的服务发现方法，总是期望输入的服务查询请求能够尽可能地按照所需的格式提供，然而现实中的大量服务查询均无法很好地满足这个需求。因此，研究者们提出基于上下文感知的方法来解决这个问题。一般来说，上下文信息（Contextual Information）可以由用户显式地（Explicitly）提供或由系统隐式地（Implicitly）进行收集。显式的上下文信息在匹配过程中由用户直接提供，当基于需求所产生的服务请求不能很好地反映服务请求者的本意时，服务请求者可以继续提供额外的信息。由于服务请求者通常不能对上下文信息进行很好的总结和把握，因此一般由系统提出问题，服务请求者作答。隐式的上下文信息通常由系统自动收集，这种方法更具有开放性和发散性，难度较大。绝大多数基于上下文感知的服务选择方法的核心概念都可以概括为图 2.4 所示的形式[87]。

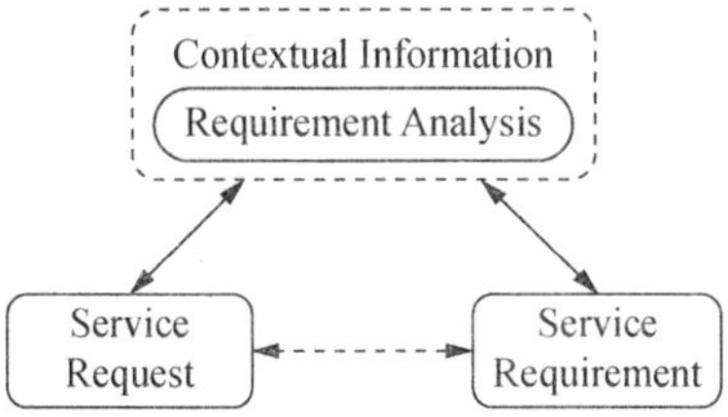

图 2.4 基于上下文感知的服务选择

文献[88]提出的基于上下文感知的服务发现方案具有两个主要特征：①在服务发现过程中考虑了组合的服务；②使用语义方法来对上下文进行建模，以及对服务进行描述。文献[89]基于物联网环境提出了自适应的基于上下文感知的服务发现协议。该协议根据用户应用场景中可用的上下文信息来为用户提供合适的服务，其使用了基于需求的自适应定时和缓存机制来减少消息开销和服务调用中的延迟。文献[90]在发现即服务的背景下，通过基于云的服务发现模型来解决移动网络服务发现（Mobile Web Service Discovery）中的核心问题。该模型能够根据不同用户的上下文环境和偏好对相似的服务高效地进行排名。文献[91]提出使用概率性潜在语义分析（Probabilistic Latent Semantic Analysis，PLSA）[92]来构建面向过程的上下文，其主旨为由服务请求者的会话（Session）来构建面向过程的上下文。在特定的请求会话中，服务请求者对所获取的服务的反应被用来对服务发现进行优化。其具体过程为，首先基于服务查询返回候选服务的集合，然后使用概率性潜在语义分析对这些候选服务进行聚类形成不同的组。

2.5.6 基于语义

基于语义的服务发现模型旨在给服务发现过程添加语义信息。描述语义的标准有服务的 DARPA①代理标记语言（DARPA Agent Markup Language for Services，DAML-S[93]）、

① DARPA 即 Defense Advanced Research Projects Agenly，国防高级研究项目局。

OWL-S[94]、WSDL-S[95]和网络服务建模语言（Web Service Modeling Language，WSML[96]）等。上述方法尝试通过服务本体论来理解网络服务描述的含义和服务查询的含义，理解含义之后涉及匹配（Matchmaking）技术。文献[97]展示了上述的典型过程，作者提出的模型将本体论的操作、消息、前提条件和效果进行映射[87]。

随着面向服务体系结构的流行，大量服务被部署在网络上，但是通过注册表（如UDDI）来寻找相关的或相似的服务仍然是一个具有挑战性的工作。当前的 UDDI 通过关键字来查询注册表中包含的服务信息和公司信息来获取网络服务，但这些信息并不能完全地表达用户的需求，容易漏掉潜在的匹配结果。因此，需要考虑网络服务的功能和语义。非语义的服务发现过程存在搜索引擎无法识别和总结 WSDL 文档中服务功能的问题，文献[98]通过 WSDL 文档研究网络服务之间的相似性（Resemblance），作者根据 WSDL 文档中的内容和服务的名称来计算网络服务的相似性，并对所得的数据运用 *k*-means 聚类算法来生成簇。文献[99]对语义网络服务发现中现有方案提出的匹配器进行综合，采各家之长提出了一个灵活的匹配机制，并使用由语义服务选择（Semantic Service Selection，S3）社区提供的数据集对所提出的方案进行了实现和验证。

服务发现是独立自治的移动自组织网络不可或缺的一部分。文献[100]针对移动自组织网络提出了一个分布式语义发现机制，该机制采用了目的序列距离矢量（Destination-Sequenced Distance Vector，DSDV）路由协议，其将网络的信息保存在路由表中来为基于服务类型的语义服务发现提供帮助。

文献[101]将语义服务发现方法分为四类：基于 OWL-S 的、基于网络服务建模本体论（Web Service Modeling Ontology，WSMO）的、基于 WSDL 的语义注释（Semantic Annotations for WSDL，SAWSDL）和基于 WSDL-S 的，以及基于其他本体论的。

总的来说，基于 OWL-S 的方法通过服务描述和域本体论来决定服务查询和服务描述之间是否匹配。文献[102]提出的混合方法将基于逻辑的（Logic-based）语义匹配和基于令牌的（Token-based）相似性量度进行结合。该方法中的匹配器（Matchmaker）称为 OWLS-MX，其中字母“X”代表五种不同的实例，实例基于不同的相似性度量来进行选择。文献[103]提出的 iMatcher 结合了功能性属性的匹配和非功能性属性的匹配。该方案对本体论使用逻辑推理（Logical Inference）来对服务的信息进行推理。文献[104]提出了基于 OWL-S 的服务发现系统，其引入了基于一致性的两段匹配方法。在该方法中，第一阶段将潜在的能够匹配服务查询的服务描述简略地列出来，第二阶段通过查询这些服务的详细信息来检查其与服务查询的一致性。

与 OWL-S 相比，基于 WSMO 的方法能够对开放环境中不可避免的异质性调停（Heterogeneity Mediation）处理进行建模。文献[105]提出的服务发现模型提供对相关服务的前置筛选（Prefilltering）和精准的服务缔约（Service Contracting）来满足服务查询请求。文献[106]提出的混合模型在 OWLS-MX 中支持 WSMO，该模型被称为 OWLS-MX，其使用了基于逻辑的匹配和文本获取策略。由于 WSMO 是基于 WSML 的，因此 WSMO-MX 是基于 WSML-MX 的。WSML-MX 对 WSML 的变体 WSML_Rule 进行了扩展，服务请求者能够通过指定限制条件来对匹配器进行语义匹配的方式进行约束。

在基于 SAWSDL 的方法和基于 WSDL-S 的方法中，文献[107]在使用 METEOR-S 服务发现基础设施结构（METEOR-S Web Service Discovery Infrastructure，METEOR-S WSDI）的联合注册（Federated Registry）的基础上提出了一个基于 WSDL-S 的服务发现技术。文献[108]扩展了 METEOR-S 的匹配器来支持语法匹配、服务质量匹配和语义匹配。文献[109]提出的方法首先尝试寻找满足服务查询的单个服务，如果没有找到单个服务，则尝试返回服务组合的结果。上述服务组合通过构建语义上匹配的服务的图来获得，构建的过程基于 SAWSDL 标准表示的服务描述信息。

基于其他本体论的方法中，文献[110]通过考虑网络服务的质量相关性进行服务发现。由于对服务之间的质量依赖性进行了建模，因此该方法能够为服务请求者提供更好的服务组合结果。文献[111]在服务选择过程中考虑了服务的可信性（Trustworthiness），并将服务质量映射至通用的概率信任量度上。已有的基于信任的方法是基于观测（Observation）和静态设置来对服务的可信性进行估计的，而该方法是基于统计方法的，具体来说是有限混合模型（Finite Mixture Model）上的期望最大化（Expectation Maximization）。文献[112]提出了支持复杂服务限定条件（Complex Constraints）的服务发现方案。该方案设计了为复杂行为描述指派行为分类的自动化方法，该方法能够检查某个分类的一致性并计算行为分类的层次化结构。此外，人工可读的行为分类名称在允许缩短服务查询长度和服务描述长度的情况下增强了可用性。

2.5.7 其他

网络服务发现支持两种模式：基于基础设施的（Infrastructure-based）模式和基于自组织的（Ad hoc-based）模式。基于基础设施的模式中需要一个服务代理网关，其不可避免地引入了单点失效问题。基于自组织的模式通常是基于多播消息的，其稳定性较差。文献[113]提出基于分布式哈希表（Distributed Hash Table，DHT）的服务发现方案。该方案中对设备和服务的查询基于哈希值，其优势是良好的可扩展性、确定的行为及流量控制。由于该方案使用的是单播消息机制，因此使用范围不仅仅局限于局域网，对互联网上若干个子网之间也是适用的。采用分布式哈希表的服务发现方法大多没有考虑对隐私信息的保护。文献[114]提出的服务发现机制考虑了服务发现的效率和隐私保护。该机制采用极坐标描述和语义服务描述来构建位置感知的中继网络。极坐标描述可以提供基于位置的查询，并缓解网络拥塞。语义服务描述使得对相似服务的查找更加快捷。

对于服务请求者来说，自动化的服务发现可以高效地识别相关的可用服务。文献[115]通过引入比较量度（Comparison Measures）来使得相似的服务的识别、发现及排名更加精准。为了高效地进行服务发现，需要对相似的服务进行比较和度量。大多数基于本体论的和基于信息获取的服务发现方法在计算服务的相似性时都假定服务的输入、输出均为简单的数据类型。在实际中，大部分网络服务都具有复杂的数据类型及输入、输出参数。此外，相似的服务还基于过往用户的使用经验被进一步地评估，即总的服务选择结果是基于客观和主观量度综合得出的。

自动化的服务发现方案使用户或代理软件能够基于不同的需求形成服务查询对服

务进行查找和发现。这使得服务推荐（Service Recommendation）、服务组合及服务供应（Service Provisioning）这些更高层次的功能得以实现。现有的服务查找和发现主要偏重于文本和关键字的检索方案，对于服务提供者和用户来说，现有的服务查找和发现在服务的语义表达方面能力有限。文献[116]提出的方案使用概率性的机器学习技术来提取服务描述中潜在的语义因素，所提取到的潜在因素被用来构造表示不同类型服务描述的模型向量。

文献[117]提出了概率性的服务发现模型。该模型可以帮助用户获取相关的服务并提升服务查询的性能，其应用了概率模型来对服务的主题和查询的主题之间的关系进行刻画，并提出了基于主题相关性（Topic Correlation）的匹配方法。文献[118]在服务聚类和服务发现中对主题相关性使用形式化的概念进行分析，基于相关性主题模型（Correlated Topic Model，CTM）提出了非基于逻辑的匹配方法。该方法首先从语义服务描述中抽取主题，然后对抽取的主题之间的相关性进行建模。基于主题相关性，语义服务描述能够被分成层次化的簇结构。具体来说，该方法使用了形式化概念分析（Formal Concept Analysis，FCA），根据主题将层次化的簇结构组织成概念格（Concept Lattice）。

对网络服务进行聚类可以大大增强网络服务搜索引擎获取相关服务的能力。由于数据的单一性，基于传统 WSDL 的网络服务聚类的性能并不令人满意。网络服务搜索引擎允许用户通过标签（Tag）来手动地对网络服务进行注释，进而描述服务的功能或提供额外的上下文和语义信息。文献[119]通过 WSDL 文档和标签两种方法对网络服务进行聚类，提出了名为 WSTRec 的混合网络服务标签推荐策略，其聚类性能要优于基于 WSDL 的聚类方法。

文献[120]提出了支持服务使用配置文件（Usage Profiles）发现的方案。该方案从具体的服务功能方面对不同用户群体的使用特点进行区分，其可以监控用户的请求，组成常见的使用数据库，并对用户应用程序及设备的使用配置文件进行聚类。文献[121]提出的基于代理的支持系统根据用户需求进行服务发现。该系统模型的实现使用了代理（Agent）和本体论，其可以根据预先构建好的混合云状态在公有云服务背景下提供动态的服务发现。文献[122]对服务发现的响应能力（Responsiveness）进行了建模。响应能力是指服务发现操作在截止时刻能否成功的概率。针对分布式服务发现提出了层次化的概率模型，并用其描述了三种流行协议下单个服务的发现。

现有的通用即插即用（Universal Plug-and-Play，UPnP）服务发现算法在数字家庭网络中的性能并不理想，容易产生较多的丢包事件。通过对路由器带宽和消息长度的调整，文献[123]提出了改进的 UPnP 服务发现算法，可以减小丢包率。

文献[124]在基于目录的模式下提出了移动自组织网络中服务发现的信任模型。该模型采用了 Dezert-Smarandache 理论（Dezert-Smarandache Theory，DSmT），节点的信任值由其他节点计算得出，计算的依据是服务提供者向该节点提供服务时该节点的行为。DSmT 能够很好地应对不同来源的证据融合后所带来的不确定性（Uncertainty）和矛盾性（Contradictoriness）。文献[125]提出了使用自然语言处理技术的语义服务发现方案。针对由若干个关键字构成的用户查询，该方案能够提供与之匹配的服务集合。通过对查询目标指定关键字，服务请求者不需要具体语义语言（Semantic Language）的相关知识。该方案提出了三种匹配算法来对所查询的关键字进行匹配。文献[126]提出了服务迁移方案，以此来获得高效的服务发现。该方案中包含的本体论对齐（Ontology Alignment）机制负责维护本体论概念（Ontology Concept）的一致性，基于语义注释（Semantic Annotation）的算法用来实现高效的服务发现。

文献[127]、文献[128]和文献[129]针对 6LoWPAN（IPv6 over Low Power Wireless Personal Area Networks）中的服务发现进行了研究。文献[129]设计的 6LoWPAN 环境下的服务发现协议基于精妙的上下文感知算法来进行服务的通告和发现，其采用的纯分布式的方法利用自适应的被动-主动（Pull-Push）模型来保证优化的获取时间、较低的能量消耗及较少的消息开销，此外还可以对网络拓扑变化及时地生成应对措施。

文献[130]提出了支持运行时服务发现的方案。该方案旨在解决在基于服务的应用程序的执行过程中对无法继续或已经失效的服务的识别和替换问题，其对服务查询所采用的模式是 pull-push。在 pull 模式下，当需要寻找服务替代品时执行服务查询。在 push 模式下，该方案对服务查询进行订阅，并在应用程序执行时并行地、主动地进行服务查询，进而发现当需要进行服务替换时可进行替换的服务。因此，push 模式下的服务查询使得基于服务的应用程序在有服务需要运行时、替换时不容易被打断。两种查询模式中对服务的识别都基于对服务的结构、行为、质量和上下文特征的匹配。

2.6 本章小结

本章首先阐述了服务发现的定义，并将服务发现与服务选择进行了对比，有针对性地介绍了服务选择领域中具有代表性的研究工作。其次，围绕服务质量模型对服务质量属性进行了归纳和总结。随后给出了服务发现方式，并对三种服务发现方式的特点进行了描述，指出了各自的优缺点。在此基础上，对服务发现体系结构的发展演变及现状做了详细阐述。最后，对现有的服务发现技术做了详尽的分类与总结，在分析服务发现的主要功能需求和已有技术利弊的过程中，阐明了服务发现这个研究课题所面临的关键问题，以及获得科学、高效的解决方案的急迫性和困难。本章不仅是服务发现领域一个完备的综述，还为后续章节所涉及的主要问题做了铺垫。

第3章

3 分布式环境下服务发现的流量控制模型

3.1 引　言

随着互联网上网络服务的大量部署，服务发现成为研究领域内一个被广泛关注的问题[131-133]。一般来说，服务发现的体系结构分为两类：集中式体系结构（Centralized Architecture）和分布式体系结构（Distributed Architecture）。集中式体系结构将服务的信息以集中式的方式进行储存[134]。两个流行的集中式机制为注册表（Registry）和索引（Index）。储存在注册表中的服务信息由注册表的所有者全权控制，注册表的一个著名例子是 UDDI[135]。由于存在若干技术上的弊端，UDDI 被认为是不完美的，由此引发了一些对其的改进[136-138]。索引从互联网上收集服务的信息。不同于注册表，索引并不对提供给用户的信息进行控制。由搜索引擎给出的搜索结果是索引的一个典型例子。集中式体系结构具有一些本质上的缺点，如中心化节点的瓶颈效应和单点失效问题。因此，研究者们针对分布式体系结构做了很多工作[81,139-141]，这些工作都基于对等网络。对等网络的优势使上述工作中的方案具有可扩展性和可靠性，但是对于流量的建模和分析却存在缺失。

本章针对分布式的网络服务发现提出一个基于 Chord[142]协议的流量模型。在该模型中，节点内部具有五个队列：传入队列（Incoming Queue）、应答队列（Answer Queue）、转发队列（Forward Queue）、查询队列（Query Queue）和传出队列（Outgoing Queue）。节点的流量控制模块（Traffic Management Module）负责调控应答队列、转发队列和查询队列的出队操作。流量控制模块的策略制定基于分配给上述三个队列的处理能力百分比。简言之，通过对节点行为进行建模，本章的模型提供了优化 Chord 网络中服务发现的可获得性和延迟的方法。

在计算机网络中，分布式的环境通常由对等网络来实现。根据节点连接方式和资源分布方式的不同，对等网络通常被分为两类：非结构化的对等网络和结构化的对等网络[143]。此外，也存在由上述两类对等网络结合而成的混合类型对等网络。在非结构化的对等网络中，节点的组织方式不具有特定的结构，节点之间所有的连接都是随机形成的[144]。非结构化的对等网络有很多著名的协议，如 Gnutella[145]、Gossip[146]和 Kazaa[147]等。由于非结构化的对等网络中不具有组织结构，其具有较强的健壮性，同时单点失效对整个网络产生的影响较小。但是，非结构化的对等网络无法很好地应对洪泛问题（Flooding Problem），洪泛对整个网络产生的大规模拥塞是非结构化的对等网络的一个主要弊端。在结构化的对等网络中，节点由结构化的模型来组织，最著名的例子就是分布式哈希表[148]。在基于分布式哈希表的对等网络中，节点可以使用哈希表来发起查询。研究者们已经提出很多结构化的对等网络协议，如 Pastry[149]、Chord、Tapestry[150]和Kademlia[151]等。

Chord 协议的基本思想如下：资源（Resource）的信息以键-值（Key-Value）对的形式储存在特定的节点上。针对某个资源的查询（Query）实质上是对该资源所对应的键的查询。对于某个查询，由对该查询中所包含的键负责的节点对其进行应答（Reply），包含该键对应值的应答消息由应答节点发出。所有节点和资源都通过一致性哈希（Consistent Hashing）独一无二地映射至一个 2^m 大小的标识符空间（Identifier Space）上。假定存在一致性哈希函数 $cHash(str)$，无论自变量 str 是什么值，该函数的返回值始终是一个 m 位的二进制字符串。因此，节点的 ID 和资源的键的长度均为 m 位。通常，节点的 ID 通过 $cHash(IP)$来获得，其中 IP 是该节点的互联网协议（Internet Protocol，IP）地址；资源的键通过 $cHash(value)$ 来获得，其中 $value$ 为该资源的名称或位置。例如，某个网络服务的 $value$ 可以是其对应的统一资源定位符（Uniform Resource Locator，URL）地址。节点的 ID 和资源的键都属于区间 $[0,2^m-1]$。

Chord 网络的结构在逻辑上可以用一个名为 Chord 环（Chord Ring）的抽象模型来表示。对于一个标识符空间为 2^m 的 Chord 环，其上存在 2^m 个均匀分布的位置，它们按照顺时针方向从 0 到 2^m-1 依次标注。节点根据其 ID 定位于 Chord 环上，Chord 环上的每个节点都具有一个后继（Successor）和一个前继（Predecessor）。节点的后继是指该节点在 Chord 环上顺时针方向的下一个节点；节点的前继是指该节点在 Chord 环上逆时针方向的下一个节点。键根据如下规则指派给节点：对于 Chord 环上现有的节点，某个键指派给节点 ID 不小于该键的第一个节点。针对某个键的查询操作由 Chord 协议中一个名为指向表（Finger Table，FT）的组件来实现。对于一个标识符空间为 2^m 的 Chord 环上的一个节点 n，其指向表由文献[142]给出。一个查询在到达它的目的地（即应答节点）之前，平均需要被转发 $\frac{1}{2}\log n$ 次，这是一个很优秀的性能。

Chord 协议被设计为能够很好地应对节点失效（Node Failure），并且能够很顺滑地处理节点的加入。由于本章的重点不在于描述 Chord 协议的详细操作，因此在此略去了键的查询、节点加入、节点失效、稳定化（Stabilization）及负载平衡（Load Balance）等细节。为了能够更好地描述本章的模型，对键的查询操作做出如下概括：键的查询在 Chord 环上按照顺时针方向进行。当某个中间节点（Intermediate Node）收到一个查询后，首先检查自身是否可以对其进行应答，如果无法应答，则根据 Chord 协议的规定对该查询进行转发；如果可以对其进行应答，则该中间节点将发出一个应答，该应答的目的地是最初发起查询的节点。

3.2 节点模型和流量控制策略

3.2.1 节点模型

为了能够更好地对 Chord 网络中的流量进行分析，本节对节点的行为进行建模，建模秉承的基本理念是节点的行为是由离散事件（Discrete Events）驱动的。为了简单起见，只考虑 Chord 网络中的两类消息：查询消息（Query Message）和应答消息（Reply Message）。在节点内部建立五个消息队列：传入队列、应答队列、转发队列、查询队列和传出队列，所有上述队列都遵从先进先出（First-In-First-Out，FIFO）原则。节点通过传入队列和传出队列两个接口来与 Chord 网络中的其他节点进行交互。下面对于 Chord 网络中的一个节点 n，给出上述五个队列的定义。

定义 3.1（传入队列 IQ_n）：所有即将流入节点 n 的消息都在传入队列进行入队操作。传入队列是 Chord 网络中所有其他节点能够与节点 n 进行交互的唯一接口。将传入队列中传入消息的总数用 mi_n 来表示。假设存在 qi_n 个查询消息和 ri_n 个应答消息，则有 $mi_n=qi_n+ri_n$。

定义 3.2（传出队列 OQ_n）：所有即将流出节点 n 的消息都在传出队列进行入队操作。传出队列是节点 n 能够与 Chord 网络中所有其他节点进行交互的唯一接口。将传出队列中传出消息的总数用 mo_n 来表示。假设存在 qo_n 个查询消息和 ro_n 个应答消息，则有 $mo_n=qo_n+ro_n$。

定义 3.3（查询队列 QQ_n）：所有由节点 n 发起的查询消息都在查询队列进行入队操作。将由节点 n 发起的查询消息的总数用 q_n 来表示。

定义 3.4（应答队列 AQ_n）：在传入的查询消息中，节点 n 可能会对它们中的一些进行应答。将这些能够被节点 n 应答的消息个数表示为 qr_n，且 $0\leqslant qr_n\leqslant qi_n$，并且这些消息将在应答队列进行入队操作。

定义 3.5（转发队列 FQ_n）：传入的查询消息中节点 n 无法应答的那部分查询消息都在转发队列进行入队操作。将这部分查询消息的个数用 qf_n 来表示，且 $0\leqslant qf_n\leqslant qi_n$，则有 $qi_n=qr_n+qf_n$。此外，传入的应答消息中不是指派给节点 n 的那部分消息也都在转发队列进行入队操作。将这部分应答消息的个数用 rf_n 来表示，且 $0\leqslant rf_n\leqslant ri_n$。假设传入的应答消息中指派给节点 n 的应答消息的个数用 rs_n 来表示，则有 $ri_n=rf_n+rs_n$。

3.2.2 流量控制策略

为了能够更好地介绍本章的模型，将节点 n 的处理能力（Processing Ability）pa_n 定义如下：

$$pa_n=\frac{mi_n+mo_n}{time\ period} \tag{3-1}$$

对于单个节点 n 来说，pa_n 的值是一个常量。当遭遇严重的拒绝服务（Denial of Service，DoS）攻击时，节点 n 的处理能力有可能被传入消息消耗殆尽，那么节点 n 将不具有传出消息，即 $mo_n=0$。本章中，假定传入消息（Incoming Message）的个数 mi_n 和传出消息（Outgoing Message）的个数 mo_n 都处于正常范围。同时，还假定节点 n 总是具有足够的处理能力来处理传入消息。因此，本章的流量模型关注分析处理传出消息的那部分处理能力。将这部分处理能力表示为 pao_n，并且假定 pao_n 的值在每个时间步内都是常量。

对于查询队列 QQ_n、应答队列 AQ_n 和转发队列 FQ_n，将每个时间步内从上述三个队列中出队的消息个数分别表示为 qq_n、aq_n 和 fq_n。同时，这三个数字的总和不能大于 pao_n 的值，即

$$qq_n+aq_n+fq_n \leqslant pao_n \tag{3-2}$$

且满足 $qq_n \geqslant 0$，$aq_n \geqslant 0$，$fq_n \geqslant 0$。

由于从队列 QQ_n、AQ_n 和 FQ_n 出队的所有消息都将在队列 OQ_n 进行入队操作，因此节点 n 需要一个流量控制模块。为了能够更好地利用 pao_n 这部分处理能力，流量控制模块应该能够根据上述三个队列的不同出队需求来对 pao_n 进行动态分配。更重要的是，为了改进 Chord 网络的性能，应考虑上述三个队列出队操作的优先级。简言之，流量控制的基本功能就是调控队列 QQ_n、AQ_n 和 FQ_n 的出队操作及队列 OQ_n 的入队操作。与节点 n 相关的消息处理流程图见图 3.1，其中 Query Generator 为查询生成模块。

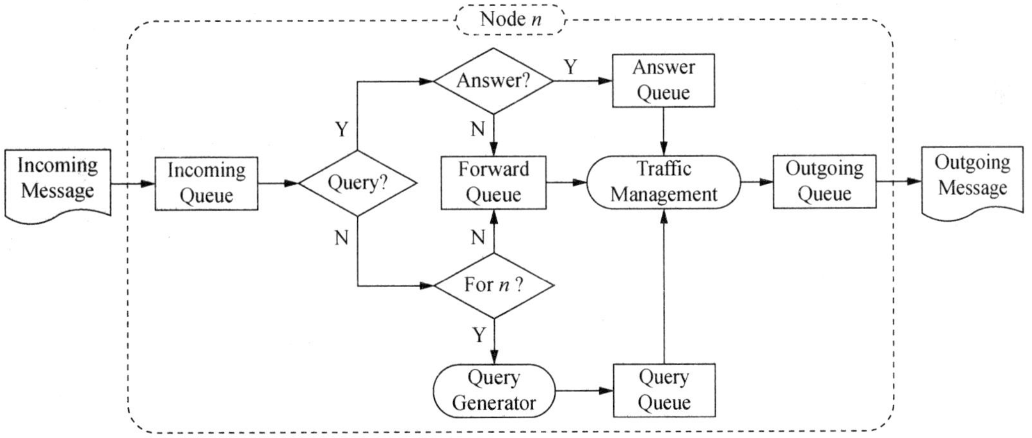

图 3.1　与节点 n 相关的消息处理流程图

对于一个从队列 IQ_n 出队的传入查询消息 q，节点 n 通过检查自身的数据库来判断该查询消息是否能够被应答。如果节点 n 能够应答，那么查询消息 q 在队列 AQ_n 进行入队操作，当查询消息 q 从队列 AQ_n 出队时，相应的应答消息 r 将被构造并在队列 OQ_n 进行入队操作；如果节点 n 不能应答，那么节点 n 需要根据 Chord 协议的规定将查询消息 q 转发给 Chord 网络中的另一个节点，也就是说，查询消息 q 将在队列 FQ_n 进行入队操作。

当查询消息 q 从队列 FQ_n 出队时，它将在队列 OQ_n 进行入队操作。类似地，对于一个由节点 n 发起的查询消息 q，当其从队列 QQ_n 出队时，它将在队列 OQ_n 进行入队操作。

对于一个从队列 IQ_n 出队的传入应答消息 r，节点 n 检查该应答消息是否是指派给自身的。如果是指派给节点 n 自身的，则应答消息 r 由查询生成模块接手来解决先前产生的相应查询消息；如果不是指派给节点 n 自身的，那么节点 n 需要根据 Chord 协议的规定将应答消息 r 转发给 Chord 网络中的另一个节点，也就是说，应答消息 r 将在队列 FQ_n 进行入队操作。当其从队列 FQ_n 出队时，它将在队列 OQ_n 进行入队操作。

如前所述，所有的查询消息和应答消息都从队列 QQ_n、AQ_n 和 FQ_n 出队，并且将在队列 OQ_n 进行入队操作。对处理能力 pao_n 进行归一化，同时将分配给队列 QQ_n、AQ_n 和 FQ_n 的处理能力占 pao_n 的百分比分别用 Q_n、A_n 和 F_n 表示，则有

$$Q_n + A_n + F_n = 1 \tag{3-3}$$

且满足 $Q_n \geqslant 0$，$A_n \geqslant 0$，$F_n \geqslant 0$。

为了分析 Chord 网络中服务发现的性能，选取了两个主要性能指标：可获得性和延迟，具体定义如下。

定义 3.6（可获得性）：节点 n 处的可获得性是指节点 n 发起的查询所得到应答的百分比，将节点 n 的可获得性表示为 av_n。术语“应答”表示对于节点 n 发起的查询消息 q，节点 n 收到了与之对应的应答消息 r。整个网络的可获得性由网络中所有节点的可获得性取平均值得到，将其表示为 AV_n。

定义 3.7（延迟）：指派给节点 n 的应答消息的延迟是指节点 n 发起与之对应的查询消息到节点 n 收到该应答消息之间的时间。将应答消息 r 的延迟表示为 la_r。对于节点 n 发起的查询消息 q，如果节点 n 没有收到与之对应的应答消息，那么认为延迟为无穷大。因此，不计算这种情况。整个网络的延迟由网络中所有应答消息的延迟取平均值得到，将其表示为 LA_n。

下面基于可获得性和延迟的定义，分析它们是如何受上述三个百分比参数 Q_n、A_n 和 F_n 影响的。给定时间段 $[t_a,t_b]$，且 $t_b > t_a$，考虑一个由节点 n 发起的查询消息 q。对于所有涉及的队列，假定除了查询消息 q 和与之对应的应答消息 r 之外，没有其他消息的入队和出队操作。

如图 3.2 所示，查询消息 q 是由节点 m 应答的，节点 k 是节点 n 和节点 m 之间唯一的中间节点。

当 $t_b \geqslant t_a + 11$ 时，查询消息 q 所对应的应答消息 r 最终能够被节点 n 收到，在这种情况下，节点 n 当前的可获得性为 $av_n = 100\%$。此外，应答消息 r 的延迟为 $la_r = 11$。

当 $t_b < t_a + 11$ 时，节点 n 将无法收到应答消息 r，在这种情况下，节点 n 当前的可获得性为 av_n=0%。由于应答消息 r 没有被节点 n 收到，不对延迟进行计算。

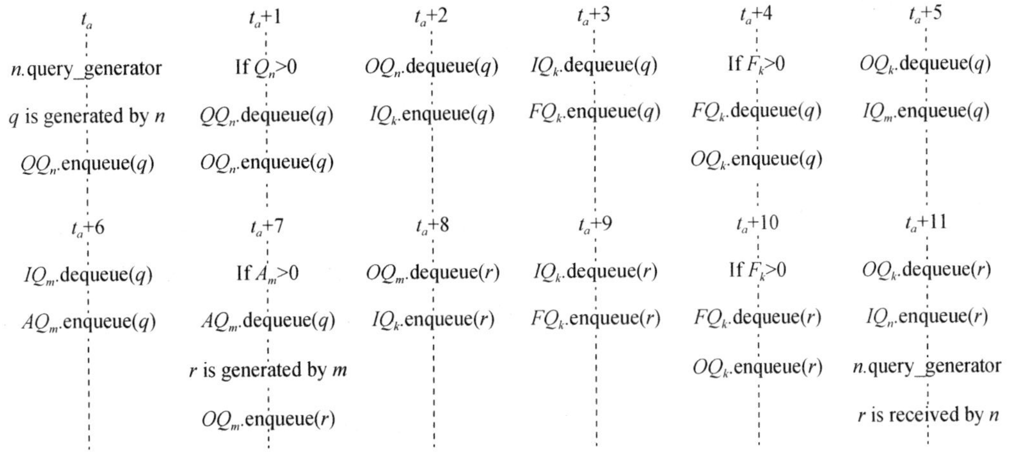

图 3.2 查询过程和应答过程的时序图

图 3.2 中的三个百分比参数为Q_n、F_k和A_m。假定t_a+1时刻时Q_n=0，对于查询消息q，队列QQ_n的出队操作和接下来队列OQ_n的入队操作都无法执行，这两项操作都被推迟，直到$Q_n>0$。这就引入了额外的时延，将其表示为t_{d1}。类似地，假定t_a+4时刻时F_k=0、t_a+7时刻时A_m=0及t_a+10时刻时F_k=0，将引入的额外时延分别表示为t_{d2}、t_{d3}和t_{d4}。如果$t_b \geqslant t_a+11+t_{d1}+t_{d2}+t_{d3}+t_{d4}$，那么应答消息$r$将被节点$n$收到。另外，应答消息$r$的延迟为$la_r \geqslant 11+t_{d1}+t_{d2}+t_{d3}+t_{d4}$。

假设发起查询的节点n和进行应答的节点m之间存在h个中间节点，这些中间节点由集合$\{k_1,k_2,\cdots,k_h\}$表示。在查询消息q到达进行应答的节点m之前，存在$h+1$个可能给该查询消息引入额外时延的点，用节点集合$\{n,k_1,k_2,\cdots,k_h\}$表示。对于发起查询的节点n，Q_n的值决定了查询消息q的发送是否被推迟。将由Q_n对q引入的可能时延表示为t_{dn}，那么查询消息q在发起查询的节点n处的实际延迟t_n可以表示为

$$t_n=(Q_n>0)?0:t_{dn} \tag{3-4}$$

对于将查询消息q进行转发的中间节点k_i，F_{k_i}的值决定了查询消息q的转发是否被推迟。将由F_{k_i}对q引入的可能时延表示为t_{dk_i}，那么查询消息q在中间节点k_i处的实际延迟t_{k_i}可以表示为

$$t_{k_i}=(F_{k_i}>0)?0:t_{dk_i} \tag{3-5}$$

类似地，在应答消息r到达发起查询的节点n之前，也存在$h+1$个可能给该应答消息引入额外时延的点，将它们用节点集合$\{m,k_1,k_2,\cdots,k_h\}$来表示。对于进行应答的节点m，A_m的值决定了应答消息r的发送是否被推迟。将由A_m对r引入的可能时延表示为t_{dm}，那么应答消息r在进行应答的节点m处的实际延迟t_m可以表示为

$$t_m=(A_m>0)?0:t_{dm} \tag{3-6}$$

对于将应答消息r进行转发的中间节点k_i，F'_{k_i}的值决定了应答消息r的转发是否被推迟。将由F'_{k_i}对r引入的可能时延表示为t'_{dk_i}，那么应答消息r在中间节点k_i处的实际

延迟 t'_{k_i} 可以表示为

$$t'_{k_i}=(F'_{k_i}>0)?0:t'_{dk_i} \tag{3-7}$$

根据延迟的定义 3.7，应答消息 r 的延迟可以表示为

$$la_r=t_n+\sum_{i=1}^{h}(t_{k_i}+t'_{k_i})+t_m \tag{3-8}$$

假设节点 n 在时间段 $[t_a,t_b]$ 发起了 g 个查询消息，将它们用集合 $\{q_1,q_2,\cdots,q_g\}$ 表示。对于上述 g 个查询消息，节点 n 在时间段 $[t_a,t_b]$ 收到了 g' 个与之对应的应答消息，将收到的应答消息用集合 $\{r_1,r_2,\cdots,r_{g'}\}$ 表示，其中 $g'\leqslant g$。那么，节点 n 的可获得性可以表示为

$$av_n=\frac{\sum_{i=1}^{g'}((t_a+la_{r_i}\leqslant t_b)?1:0)}{g} \tag{3-9}$$

由于处理传出队列的处理能力是有限的，为了改进可获得性和延迟，流量控制模块应该协调 Q_n、A_n 和 F_n 的值。出于同样的原因，队列 QQ_n、AQ_n 和 FQ_n 的出队操作也应当得到协调。一般来说，对于 Chord 网络，相当一部分流量在进行中继操作。因此，本章认为 Q_n、A_n 和 F_n 三者中数值最大的是 F_n。一个较小的 Q_n 值有可能导致队列 QQ_n 出现积压，进而使网络的延迟增加，同时节点 n 的可获得性降低。一个较小的 A_n 值有可能导致队列 AQ_n 出现积压，进而其他节点的可获得性降低，同时使网络的延迟增加。为了折中，本章认为 Q_n 与 A_n 的值应当相等。

此外，还应当针对队列 QQ_n、AQ_n 和 FQ_n 设计不同的优先级。不妨以 $FQ_n>AQ_n>QQ_n$ 为例，当队列 FQ_n 非空，且分配给队列 FQ_n 的 F_n 处理能力已经用尽时，节点 n 的流量控制模块将尝试征用分配给队列 QQ_n 的处理能力，而不考虑队列 QQ_n 是否为空。如果分配给队列 QQ_n 的 Q_n 处理能力同样已经用尽，节点 n 的流量控制模块将尝试征用分配给队列 AQ_n 的处理能力，而不考虑队列 AQ_n 是否为空。类似地，当队列 AQ_n 非空，且分配给队列 AQ_n 的处理能力 A_n 已经用尽，节点 n 的流量控制模块将尝试征用分配给队列 QQ_n 的处理能力，而不考虑队列 QQ_n 是否为空。当分配给队列 FQ_n 和队列 AQ_n 的处理能力都已经用尽时，由于队列 FQ_n 的优先级比队列 AQ_n 高，只要节点 n 的流量控制模块持续征用分配给队列 QQ_n 的处理能力来尝试满足队列 FQ_n 的需求，那么队列 AQ_n 的需求就在一直被推迟。一个极端情况是队列 AQ_n 和队列 QQ_n 的处理能力都被流量控制模块征用，以满足队列 FQ_n 的需求。这种情况下，节点 n 只转发它收到的查询消息和应答消息，不发起查询消息，也不发送自身的应答消息。表 3.1 列出了 QQ_n、AQ_n 和 FQ_n 三个队列的所有优先级组合。

表 3.1 QQ_n、AQ_n、FQ_n 三个队列的所有优先级组合

组合	优先级
P_1	$QQ_n > AQ_n > FQ_n$
P_2	$QQ_n > FQ_n > AQ_n$
P_3	$AQ_n > QQ_n > FQ_n$
P_4	$AQ_n > FQ_n > QQ_n$
P_5	$FQ_n > QQ_n > AQ_n$
P_6	$FQ_n > AQ_n > QQ_n$

3.3 实验与分析

3.3.1 实验环境

为了通过实验来评估本章的流量模型，建立了基于 Chord 的实验系统，该系统能够仿真网络服务发现的环境。在通信网络和计算机网络的研究领域中，存在许多流行的网络模拟器（Network Simulator）。著名的网络模拟器有 NS-2[152]、NS-3[153]、OPNET[154]、OMNeT++[155]和 NetSim[156]。OMNeT++具有的模块化体系结构很适合建立对等网络的实验系统。因此，本章选用 OMNeT++作为底层平台来实现实验系统。具体的软硬件环境见表 3.2。

表 3.2 具体的软硬件环境

名称	说明
操作系统	Debian 2.6.32-48squeeze1
CPU	Inter Core2 Q9550 2.83GHz
内存	4GB
编译器	GCC 4.3.5（Debian 4.3.5-4）
模拟器	OMNeT++ 4.3

3.3.2 实验参数

实验系统中 Chord 网络的标识符空间为 $2^m=2^{10}=1024$，使用一致性哈希函数 SHA-1[157]来计算节点的 ID 和网络服务的键。节点的 ID 通过对节点的 IP 地址进行哈希操作得到。在 Chord 环上生成了 20 个随机分布的节点。网络服务的信息提取自数据集 QWS Dataset 2.0[158]，该数据集包含互联网上 2507 个真实的网络服务。为了简单起见，

从该数据集中随机选取了 600 个网络服务的记录。网络服务的键通过对服务的 URL 地址进行哈希操作得到。600 个网络服务的键根据 Chord 协议的规则指派给 Chord 环上的 20 个节点，该指派过程不在本章的论述范围内。上述 20 个节点的 ID 和每个节点所负责网络服务的个数见表 3.3。

表 3.3　节点信息

节点	1	2	3	4	5	6	7	8	9	10
ID	17	32	85	123	214	496	566	594	595	630
网络服务的个数	20	10	28	18	42	170	42	14	0	30
节点	11	12	13	14	15	16	17	18	19	20
ID	641	645	677	747	788	865	884	913	951	1006
网络服务的个数	4	2	14	40	18	44	26	22	24	32

对于 Chord 环上的节点 n_i 和它的前继节点 n_j，如果节点 n_i 和节点 n_j 的 ID 分别为现有节点中最小的和最大的，那么节点 n_i 和节点 n_j 之间在 Chord 环上的距离 dis_{ij} 为

$$dis_{ij}=2^m-n_j.ID+n_i.ID \tag{3-10}$$

除了上述情况之外，节点 n_i 和节点 n_j 之间在 Chord 环上的距离为

$$dis_{ij}=n_i.ID-n_j.ID \tag{3-11}$$

如表 3.3 所示，节点 6 与它的前继节点 5 在 Chord 环上的距离为 $dis_{65}=282$，该数值远大于其他节点与它们前继节点之间的距离。因此，节点 6 所负责的网络服务的记录个数也远大于其他节点。为了具体说明上述情况，引入责任比率（Responsibility Ratio，RR）的概念。节点 *n* 的责任比率 RR_{n_i} 是指节点 n_i 所负责的网络服务记录个数与节点 n_i 和它的前继节点 n_j 的距离之比，即

$$RR_{n_i}=\frac{|n_i.records|}{dis_{ij}} \tag{3-12}$$

如图 3.3 所示，Chord 环上 20 个节点的责任比率由叉号标出，它们的线性回归方程（Linear Regression）由直线画出。除了节点 9、10、11 和 17，其他节点的责任比率数值属于区间[0.4,0.8]。节点 11 的责任比率接近 0.4。对于节点 8 和节点 9，它们的 ID 分别为 594 和 595。由于节点 9 太靠近它的前继节点 8，因此实验中节点 9 没有被指派任何网络服务记录。

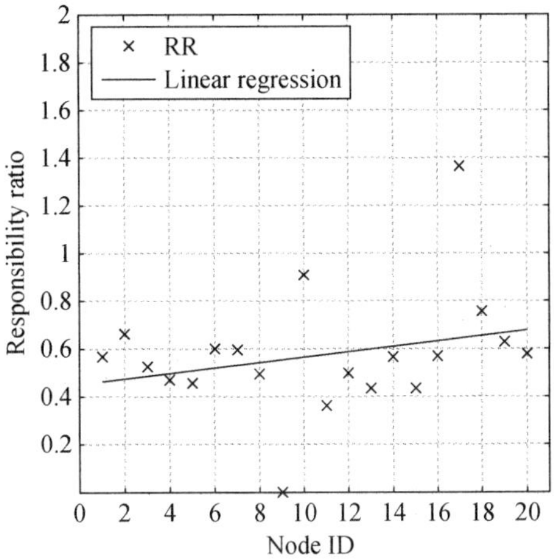

图 3.3　节点的责任比率

3.3.3　实验结果与分析

在进行实验时，对参数的设置使用了一个经验性的基准线（Baseline）数值：$F_n=60\%$，Q_n=A_n=20%。每个节点都针对上述 600 个网络服务随机生成查询。仿真实验在优先级组合 P_2、P_4 和 P_6 下运行 200 个时间步。当实验结束时，网络中依然有可能存在正在流动的查询消息和应答消息，但是实验的评估不考虑这部分消息。通过大量实验，得到了网络的可获得性数据和延迟数据。

图 3.4 描述了网络的可获得性在三种不同的优先级组合下随着时间的变化趋势。总体来看，网络的可获得性随着时间的增长逐渐增加。三种优先级组合的性能排序为 $P_6>P_4>P_2$。在实验的初期，由于查询消息和应答消息都处于传输阶段，网络的可获得性保持为零。对于 P_6、P_4 和 P_2，非零值分别出现在时间步 50、90 和 110 附近。从某种程度上来说，非零值出现的时刻可以对三种优先级组合在网络延迟方面给出一定的评判。当时间步（Time Step）为 200 时，优先级组合 P_6 所得到的网络可获得性最高，AV_n=69%；优先级组合 P_2 所得到的网络可获得性最低，AV_n=30%。

图 3.5 描述了网络的延迟在三种不同的优先级组合下随着时间的变化趋势。与网络的可获得性类似，网络的延迟也随着时间的增长而逐渐增大。总体来看，三种优先级组合的性能排序同样为 $P_6>P_4>P_2$。由于网络的可获得性在实验的初期为零，网络的延迟无法计算，将延迟的数值相应地表示为零，此时的零值并非真正的零值。对于每个优先级组合，网络延迟的非零值出现时刻与网络可获得性的非零值出现时刻一致。当时间步为 200 时，优先级组合 P_6 所得到的网络延迟最小，LA_n=145；优先级组合 P_2 所得到的网络延迟最大，LA_n=231。

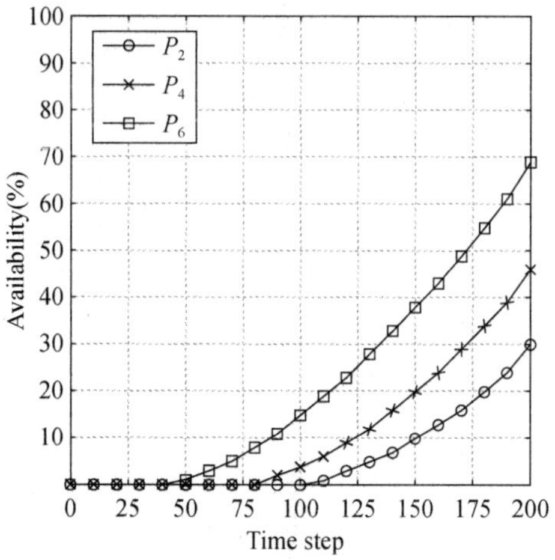

图 3.4　网络的可获得性

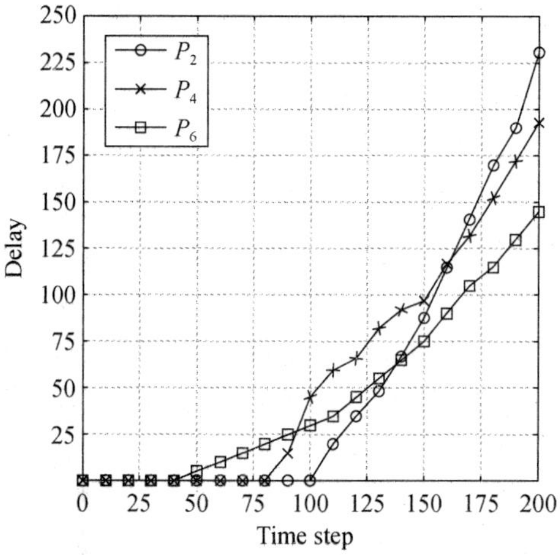

图 3.5　网络的延迟

基于图 3.4 和图 3.5 可得三种不同优先级组合的综合性能排序为 $P_6 > P_4 > P_2$。具体来说，排序结果说明队列 FQ_n 的优先级具有关键性作用，它应当被赋予最高的优先级。在优先级组合 P_4 和 P_2 下，队列 FQ_n 被赋予第二位的优先级，此时队列 AQ_n 与队列 QQ_n 相比，队列 AQ_n 要更重要一些，其优先级应该比队列 QQ_n 高。

3.4 本章小结

本章提出了分布式环境下服务发现的流量控制模型。该模型基于 Chord 协议，围绕网络服务发现过程中的两类主要消息（查询消息和应答消息）对节点内部五个队列（传入队列、应答队列、转发队列、查询队列和传出队列）的操作进行分析，清晰地刻画出

Chord 网络中节点的行为。节点处的流量由流量控制模块进行调控，其主要作用为控制查询队列、应答队列和转发队列的出队操作。针对查询队列、应答队列和转发队列，应用了不同的流量控制策略，通过改变上述三个队列的优先级来改进整个网络中服务发现的可获得性和延迟。本章进行了大量的实验来对提出的流量模型进行评估。实验数据表明转发队列在上述三个队列中最为重要，应当赋予最高的优先级，应答队列次之，而查询队列的优先级最低。

第4章

4 协同服务质量感知的服务选择

4.1 引言

近年来，越来越多的企业都将自己的服务部署在互联网上。服务质量逐渐成为描述网络服务非功能性特征的一个重要指标[159]。万维网联盟（W3C）组织指出服务质量是一组策略（Policy），规定了某个代理（Agent）或资源（Resource）的行为（Actions）或状态（State），并且由服务提供者向用户（User）宣传该策略[3]。由于不同的服务提供者部署了大量的同质化服务，用户面临的问题是如何选出最适合其需求的服务。一方面，服务提供者可能不会相对诚实地或翔实地对他们提供的服务进行介绍。在多数情况下，服务可能无法兑现服务提供者所许下的承诺。即使服务提供者竭尽全力地去提供良好的服务，实际中与详细说明文档完全一致的服务体验也相对较少。现实中存在很多影响用户服务体验的因素，如有限的服务器端资源、途径网络状况及用户端软硬件环境的差异。另一方面，用户在偏好上存在个体差异，所谓的好的服务通常不容易定义出一个相对现实并且明晰的标准。

网络服务具有两大类属性：功能性（Functional）属性和非功能性（Non-Functional）属性。功能性属性定义详细的、明确的行为或功能，指明服务“是做什么的”。非功能性属性描述用来评判服务的操作的标准，而不是具体的行为。非功能性属性通常称为质量（Quality），用来指明服务“是什么样的”。由于互联网上出现了大量功能近似的服务，因此需要从用户的角度来对它们进行区分和辨别。在功能等价的网络服务中，在对它们进行排名时非功能性属性能发挥重要作用。由于用户非常看重服务的质量，因此符合用户需求的最合适的服务应当通过测量服务质量属性（QoS Attributes）来选出。在已有的服务质量感知的服务选择方法中[46,160-162]，各种各样的服务质量属性被用来描述网络服务的非功能性属性。总体来说，服务质量是一个包罗万象的广义概念，涵盖了一系列非功能性属性，如价格（Price）、可获得性、可靠性（Reliability）及信誉（Reputation）等[2]。国际标准 ISO 8402 [163]和 ITU-E.800 [164]指出，服务质量涉及众多非功能性属性，如价格、响应时间（Response Time）、可获得性及信誉等[165]。文献[166]从服务提供者和用户的角度分别对服务质量进行了分析，并列举了可获得性、安全性、响应时间、吞吐量（Throughput）作为服务质量属性。由于某些服务质量属性在不同的应用领域是共同的，文献[43]将服务质量属性分为两类：域独立的（Domain-Independent）和域依赖的（Domain-Dependent），所有服务内在固有的服务质量属性称为域独立的，紧密依赖于不同服务的服务质量属性称为域依赖的。此外，文献[167]将服务质量属性划分为若干个子属性来反映不同的评估标准。例如，可依赖性（Dependability）可以由可获得性、可靠性、可扩展性（Scalability）等来支配。

通常来说，不同用户对服务质量属性会有不同的侧重。因此，在对服务进行选择时，让用户根据自己的个体偏好来做出决定更合理一些。然而，普通用户缺乏将自身简单、朴素的需求映射至晦涩的技术量度标准上的能力。因此，一般让普通用户对技术量度标准的相对重要程度做出判断。

本章提出一种协同服务质量感知的（Collaborative QoS-aware）服务选择方法，该方法基于层次分析法理论。本章提出的方法能够保证最终选出的服务在服务质量方面是最好的。用户所感兴趣的服务质量属性能够被划分为若干个子属性（Sub-attribute）。不同的权值（Weights）将赋予不同的服务质量属性及子属性。这些权值表示用户对服务质量属性的优先级给出的判断。此外，本章提出的方法具有可扩展性，其可行性适用于任意有限多个服务质量属性。

4.2 层次分析法理论

层次分析法是由 Thomas L.Saaty 创立的一种多准则决策理论[168]。该理论已经被应用到绝大多数与决策分析相关的领域。层次分析法是一个结构化的技术，其基于数学和统计学对复杂的决策进行组织和分析。它通过将目标、准则及子准则组织成一个层次化结构（Hierarchical Structure）来为可选项（Alternatives）建立优先级权值（Priority Weights）[169]。在运用层次分析法进行决策分析时，涉及的关键步骤如下：

1）描述问题并确定影响决策分析的准则。

2）将问题分解，建立在层次化结构的不同层次（Levels）上。决策的目标位于最高层（Top Level），准则和子准则位于中间层（Intermediate Levels），可选项均位于最底层（Bottom Level）。

3）对位于同层的元素进行两两比较（Pairwise Comparison）并获得两两比较矩阵，计算每个矩阵的最大特征值。

4）检验每个矩阵的一致性（Consistency）。当一致性比率（Consistency Ratio，CR）大于 0.1 时，表明矩阵所涉及元素的两两比较过程需要进行修正。如果一致性比率小于 0.1，则认为矩阵的一致性是可接受的。

5）计算每个矩阵的特征值向量，并将它们进行归一化。位于最底层的可选项由通过比较所得的权重值进行加权，可选项最后的排名将在加权过程结束后得出。

层次分析法的精髓是构建能够表达一系列准则相对重要程度（Relative Importance）的矩阵及可选项对于每个准则比较结果的矩阵。例如，相对重要程度可以描述为非常重要（Very Much More Important）、很重要（Much More Important）、相对重要（More

Important），直到非常不重要（Very Much Less Important）。每个这样的判断都被赋予一个比例数值，Thomas L. Saaty 所采用的比例数值见表 4.1。

表 4.1　Thomas L.Saaty 所采用的比例数值

重要程度	定义	解释
1	同等重要	两个因素同等重要
3	稍微重要	感受或判断稍微倾向于其中一个因素
5	很重要	感受或判断很倾向于其中一个因素
7	非常重要	感受或判断非常倾向于其中一个因素
9	极其重要	感受或判断极其倾向于其中一个因素
2，4，6，8	中间值	当需要折中时使用

层次分析法理论假定如果 A 是 B 的三倍大小，则就有 B 是 A 大小的 1/3，反之亦然。只要所有因素的两两比较完成之后，就能得到一个两两比较矩阵。然后，计算该矩阵的最大特征值和相应的特征向量。元素的相对重要程度由该特征向量表示。

在实际中，矩阵有时不具有可接受的一致性。因此，需要计算一致性比率。一致性比率由一致性指标（Consistency Index，CI）和随机一致性指标（Random consistency Index，RI）的比值得出，即

$$CR=\frac{CI}{RI} \tag{4-1}$$

一致性指标的计算方法如下：

$$CI=\frac{\lambda_{\max}-n}{n-1} \tag{4-2}$$

其中，$\lambda_{\max}$ 是比较矩阵的主特征值；n 是矩阵的阶数。Thomas L.Saaty 建议的随机一致性指标见表 4.2[170]，其中的数据是由大量同阶的互反矩阵（Reciprocal Matrix）得出的数据求平均得到的，这些矩阵的元素值都是随机的[171]。计算出一致性指标的数值后与表 4.2 中同阶的数值进行比较。当一致性比率的值小于 0.1 时，认为矩阵的一致性是可接受的；如果一致性比率的值大于 0.1，则矩阵所涉及因素的两两比较是随机的，并且是不可信的，在这种情况下，两两比较的过程需要进行修正，进而改进所得矩阵的一致性[172]。

表 4.2　随机一致性指标

n	1	2	3	4	5	6	7	8	9	10
RI	0	0	0.58	0.90	1.12	1.24	1.32	1.41	1.45	1.49

4.3 协同服务质量感知的服务选择方法

4.3.1 网络服务选择中层次分析法的传统应用

在服务选择领域，已经有方案[173-175]尝试采用层次分析法来选择合适的网络服务。网络服务选择的 AHP 结构见图 4.1。候选服务位于层次化结构的最底层。选择的准则（如延迟、吞吐量、可获得性及其他服务质量属性）位于层次化结构的中间层，最高层为决策的目标。

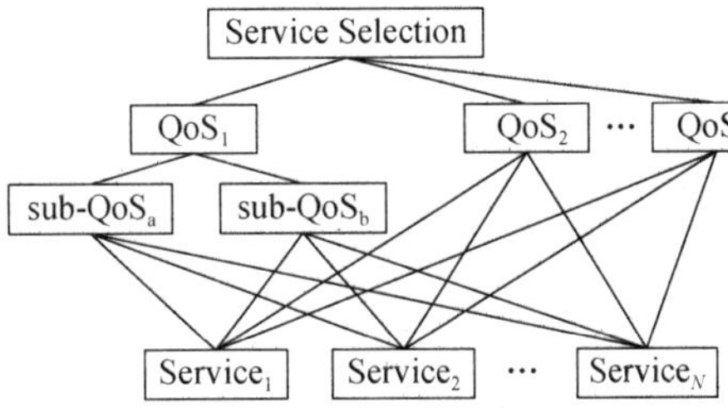

图 4.1 网络服务选择的 AHP 结构

现有的层次分析法的应用中，候选服务的两两比较矩阵是由用户得出的。用户根据服务提供者宣传的服务质量信息结合自身的经验来对候选服务进行比较。然而在实际中，对于大多数候选服务，用户之前可能并没有使用过，仅仅根据服务提供者宣传的服务质量信息来对候选服务进行比较很容易导致不可信的结果。此外，不同的服务提供者所给出的服务质量信息在其格式和内容上存在差异，数据的不一致性也对比较过程造成了很大障碍，进而影响了比较的实际有效性。

4.3.2 协同服务质量感知

总体来说，本章提出的协同服务质量感知的服务选择方法将服务选择问题划分为两部分。

（1）用户偏好（User Preference）

用户首先选定感兴趣的服务质量属性。然后，由用户根据自身的偏好来给出所选定的服务质量属性的相对重要程度，这个相对重要程度均以表 4.1 中的数值表示。所选定的服务质量属性之间的关系由一个两两比较矩阵表示。目前存在很多方法来从两两比较矩阵获得排名权值，Thomas L.Saaty 从数学角度证明了特征值向量是最好的方法。矩阵的特征值向量给出了服务质量属性的相对排名，经过归一化的特征值向量表示了反映用户偏好的权值。用户感兴趣的服务质量属性和上述经过归一化的特征值向量共同组成层次分析法层次化结构的中间层。这部分内容与层次分析法的传统应用相同。

（2）分值聚合（Rating Aggregation）

用户通过对从其他用户处收集到的服务质量数据进行聚合，进而计算出候选服务针对每个服务质量属性的排名情况。其他用户基于自身的使用体验对网络服务进行打分（Rating），这些打分数据通常涵盖了用户共同关注的服务质量属性。用户对网络服务质量的打分数据储存在本地，当收到远程查询请求时，用户提供这些打分数据进行应答。对于候选服务来说，它们在每个服务质量属性下的排名都通过对用户收集到的打分数据求平均值来获得，该过程不涉及两两比较。在层次分析法的传统应用中，每个服务质量属性都对应一个关于候选服务的两两比较矩阵，即每个服务质量属性下候选服务的排名都是通过计算对应矩阵的特征向量来获得的。而本章提出的方法仅仅需要对所求得的服务质量平均分进行归一化即可得到每个服务质量属性下候选服务的排名，这样大大减少了计算量。

为了更好地阐述本章提出的方法，给出以下定义：

定义 4.1（网络服务）：全集 S 表示互联网上所有可能的服务，$S=\{s_1,s_2,\cdots\}$。

定义 4.2（服务质量属性）：全集 Q 表示互联网上服务可能具有的所有质量属性，$Q=\{q_1,q_2,\cdots\}$。

定义 4.3（用户）：全集 U 表示互联网上服务的所有可能的用户，$U=\{u_1,u_2,\cdots\}$。

对于集合 U 中的用户，恶意（Malicious）用户和偏见（Biased）用户的存在是不可避免的。因此，引入一个信誉评估函数 $R(u)$ 来计算单个用户 u_i 的信誉值，该计算由其他用户执行。每个用户 u_k 都具有一个预先确定的信任阈值（Trust Threshold）α_k。当函数 $R(u)$ 的值不小于 α_k 时，表示用户 u_k 信任用户 u；否则，用户 u_k 不信任用户 u。

假定存在一个分布式通信协议使得该协议的参与者能够从其他参与者处获得信息。用户 u_k' 首先选定一个信任阈值的经验值为 α_k'，然后 u_k' 对集合 U 中的其他用户计算函数 $R(u)$ 的值。如果没有用户的 $R(u)$ 值不小于 α_k'，那么初始的信任阈值 α_k' 应当被降低，从而增加可信用户的数量。

可信用户用集合 U_t 表示，且 $U_t \subseteq U$。假设 $|U_t|=p$，则有

$$U_t=\{u_1,u_2,\cdots,u_p\},p\in\mathbb{N} \tag{4-3}$$

用户 u_k' 选定的感兴趣的服务质量属性用集合 Q_c 表示，且 $Q_c\subseteq Q$。假设选定的感兴趣的服务质量属性的个数为 m，即 $|Q_c|=m$，则有

$$Q_c=\{q_1,q_2,\cdots,q_m\},m\in\mathbb{N} \tag{4-4}$$

由可信用户提供的信息包含网络服务及相应的服务质量数据。用户 u_k 对网络服务 s_i 在服务质量属性 q_j 下的打分用 $r_{u_k s_i q_j}$ 表示。

用户 u_k 给出的网络服务用集合 S_{u_k} 表示，且 $u_k\in U_t$，$S_{u_k}\subseteq S$。为了对服务质量数据进行聚合，应当取得所有集合 S_{u_k} 的交集，将这个交集用集合 S_u 表示，则

$$S_u=\bigcap_{u_k\in U_t} S_{u_k} \tag{4-5}$$

假设$|S_u|=n$，则

$$S_u=\{s_1,s_2,\cdots,s_n\},n\in\mathbb{N} \tag{4-6}$$

然而，由集合U_t中不同用户给出的网络服务可能没有交集，即$S_u=\varnothing$。此外，为了能够反映对网络服务的选择，集合S_u中网络服务的个数应当不小于一个阈值n'。否则，信任阈值α'_k应当降低，进而增加可信用户的个数，这样集合S_u中网络服务的个数才有可能增加。

集合U_t中用户给出的网络服务s_i在服务质量属性q_j下的聚合分值通过算术平均方法得出，即网络服务s_i在服务质量属性q_j下的平均分值。将该分值用$\overline{r}_{s_iq_j}$表示。具体来说，$\overline{r}_{s_iq_j}$的计算分两种不同的情况：

$$\underset{1\leqslant i\leqslant n,1\leqslant j\leqslant m}{\overline{r}_{s_iq_j}}=\begin{cases}\dfrac{\sum\limits_{k=1}^{p}r_{u_ks_iq_j}}{p}, & \omega\leqslant p\leqslant\theta-1\\ \dfrac{\sum\limits_{k=1}^{p}r_{u_ks_iq_j}-\max\limits_{1\leqslant k\leqslant p}r_{u_ks_iq_j}-\min\limits_{1\leqslant k\leqslant p}r_{u_ks_iq_j}}{p-2}, & p\geqslant\theta\end{cases} \tag{4-7}$$

一方面，可信用户过少将失去一般性。因此，可信用户的个数应当有一个下限（Lower Bound），将这个下限用ω来表示。当可信用户的个数p小于ω时，需要选用更小的信任阈值来尝试使可信用户的个数p增大。另一方面，应当对尽可能多的可信用户进行检验以确保可靠性。因此，可信用户的个数应当有一个上限（Upper Bound），将这个上限用θ来表示。如果可信用户的个数p不小于θ，那么网络服务s_i在服务质量属性q_j下的打分值应当去掉一个最大值和一个最小值。上述可信用户和候选服务的选择算法见算法 4.1。

算法 4.1：可信用户和候选服务的选择。

1：**init** α'_k
2：**repeat**
3：　**set** U_t,S_u to $\varnothing$
4：　**for each** $u_k\in U\ (k\neq k')$
5：　　**if** $R(u_k)\geqslant\alpha'_k$ **then**
6：　　　**Insert** u_k into U_t
7：　　**end if**
8：　**end for**
9：　**set** S_u to $\cap S_{u_k}\ (u_k\in U_t)$
10：　**decrement** α'_k
11：**until** $|U_t|\geqslant\omega$ && $|S_u|\geqslant n'$

为了进一步确保$\overline{r}_{s_iq_j}$的可靠性，需要针对服务质量属性用集合Q_c中的每个q_j来处理$r_{u_ks_iq_j}$潜在的离群值（Outlier）。假定由可信用户集合U_t中用户给出的网络服务S_i的打分值在每个服务质量属性q_j下都服从正态分布，网络服务s_i在服务质量属性q_j下$r_{u_ks_iq_j}$的最大值和最小值分别用$r_{u_ps_iq_j}$和$r_{u_1s_iq_j}$来表示，那么标准差$S_{s_iq_j}$为

$$S_{s_iq_j}=\begin{cases}\sqrt{\dfrac{1}{p-1}\sum\limits_{k=1}^{p}\left(r_{u_ks_iq_j}-\overline{r}_{s_iq_j}\right)^2} & ,\omega\leqslant p\leqslant\theta-1\\[2ex]\sqrt{\dfrac{1}{p-3}\sum\limits_{k=2}^{p-1}\left(r_{u_ks_iq_j}-\overline{r}_{s_iq_j}\right)^2} & ,p\geqslant\theta\end{cases}\tag{4-8}$$

其中，$\overline{r}_{s_iq_j}$为式（4-7）中计算出的样本均值。我们认为落在三倍标准差$(\overline{r}_{s_iq_j}\pm 3S_{s_iq_j})$内的值是可靠的。因此，不属于闭区间$[\overline{r}_{s_iq_j}-3S_{s_iq_j},\overline{r}_{s_iq_j}+3S_{s_iq_j}]$的值被认为是离群值。每个离群值对应的用户都应当从可信用户的集合中移除，进而所有的$\overline{r}_{s_iq_j}$都应当在除去离群值后重新进行计算。这个过程应当重复进行直到n个网络服务和m个服务质量属性构成的$n\times m$组服务质量数据中不含有离群值。

对于服务质量属性集合Q_c中的每个属性q_j，向量：

$$(\overline{r}_{s_1q_j},\overline{r}_{s_2q_j},\cdots,\overline{r}_{s_nq_j})^{\mathrm{T}}\tag{4-9}$$

通过用列值除以列值的和来进行归一化。将网络服务在服务质量属性q_j下经过归一化的打分值表示为

$$(r^*_{s_1q_j},r^*_{s_2q_j},\cdots,r^*_{s_nq_j})^{\mathrm{T}}\tag{4-10}$$

将上述m个向量构成的矩阵表示为

$$\boldsymbol{R}^*=(\boldsymbol{r}^*_{s_iq_j})\tag{4-11}$$

该矩阵具有以下特性：

$$\boldsymbol{r}^*_{s_iq_j}\in(0,1),\ i=1,2,\cdots,n,\ \ j=1,2,\cdots,m\tag{4-12}$$

$$\sum_{i=1}^{n}\boldsymbol{r}^*_{s_iq_j}=1,\ j=1,2,\cdots,m\tag{4-13}$$

利用传统的层次分析法，m个服务质量属性的用户偏好数值构成了一个两两比较矩阵。该矩阵的特征向量表明了根据用户偏好对m个服务质量属性的排序情况，将由m个权值构成的归一化的特征向量表示为

$$\boldsymbol{P}^*=(p^*_{q_1},p^*_{q_2},\cdots,p^*_{q_m})^{\mathrm{T}}\tag{4-14}$$

那么，集合S_u中网络服务的聚合服务质量数据打分值计算如下：

$$
\boldsymbol{R}^* \times \boldsymbol{P}^* = \begin{pmatrix} r^*_{s_1q_1} & r^*_{s_1q_2} & \cdots & r^*_{s_1q_m} \\ r^*_{s_2q_1} & r^*_{s_2q_2} & \cdots & r^*_{s_2q_m} \\ \vdots & \vdots & r^*_{s_iq_j} & \vdots \\ r^*_{s_nq_1} & r^*_{s_nq_2} & \cdots & r^*_{s_nq_m} \end{pmatrix} \times \begin{pmatrix} p^*_{q_1} \\ p^*_{q_2} \\ \vdots \\ p^*_{q_m} \end{pmatrix} = \begin{pmatrix} b^*_{s_1} \\ b^*_{s_2} \\ \vdots \\ b^*_{s_n} \end{pmatrix} = \boldsymbol{B}^* \tag{4-15}
$$

上述计算过程确保了结果向量 $\boldsymbol{B}^*$ 是归一化的，详细的数学证明不属于本章的论述范围。一般来说，由层次分析法提供的逻辑框架得出的结果可以看作是每个可选项的收益。这里，将向量 $\boldsymbol{B}^*$ 表示为

$$
\boldsymbol{B}^* = (b^*_{s_1}, b^*_{s_2}, \cdots, b^*_{s_n})^{\mathrm{T}} \tag{4-16}
$$

那么，收益最高的网络服务就是

$$
\max_{1 \leqslant i \leqslant n}(b^*_{s_i}) \tag{4-17}
$$

所对应的那个网络服务。

现有的层次分析法解决方案[176,177]将花费（Cost）看作一个普通的属性。尽管花费可以被直接包含到层次化结构中，但是本章中笔者认为在许多复杂的决策中，花费应当被排除在层次化结构之外，先计算可选项的收益。

假设候选网络服务中排名靠前的服务均不符合用户在花费方面的期望，那么对价格敏感的用户将直接拒绝上述排名结果。因此，将花费与收益一起进行讨论有可能导致情绪化的后果。

为了解决这个问题，引入收益花费比（Benefit to Cost Ratio）。由于网络服务的价格通常由服务提供者显式地发布出来，因此服务集合 S_u 中网络服务的花费很容易获得，将其表示为

$$
\boldsymbol{C} = (c_{s_1}, c_{s_2}, \cdots, c_{s_n})^{\mathrm{T}} \tag{4-18}
$$

为了计算收益花费比，需要使用上述向量的归一化形式：

$$
\boldsymbol{C}^* = (c^*_{s_1}, c^*_{s_2}, \cdots, c^*_{s_n})^{\mathrm{T}} \tag{4-19}
$$

假定服务集合 S_u 中的网络服务均不是免费的，即

$$
c^*_{s_i} > 0, 1 \leqslant i \leqslant n \tag{4-20}
$$

那么，将收益花费比表示为

$$
\boldsymbol{BC} = (bc_{s_1}, bc_{s_2}, \cdots, bc_{s_n})^{\mathrm{T}} \tag{4-21}
$$

其中，

$$
bc_{s_i} = b^*_{s_i} / c^*_{s_i} \tag{4-22}
$$

那么，

$$
\max_{1 \leqslant i \leqslant n}(bc_{s_i}) \tag{4-23}
$$

所对应的那个网络服务将最终被选出。

4.4 实验与分析

4.4.1 实验环境

Chord[142]协议是对等网络中节点互联的一个杰出解决方案，其显著的特点为简易性（Simplicity）和可扩展性。本章基于 Chord 协议搭建了一个对等网络系统，该系统的逻辑结构见图 4.2，具体的软硬件环境见表 4.3。

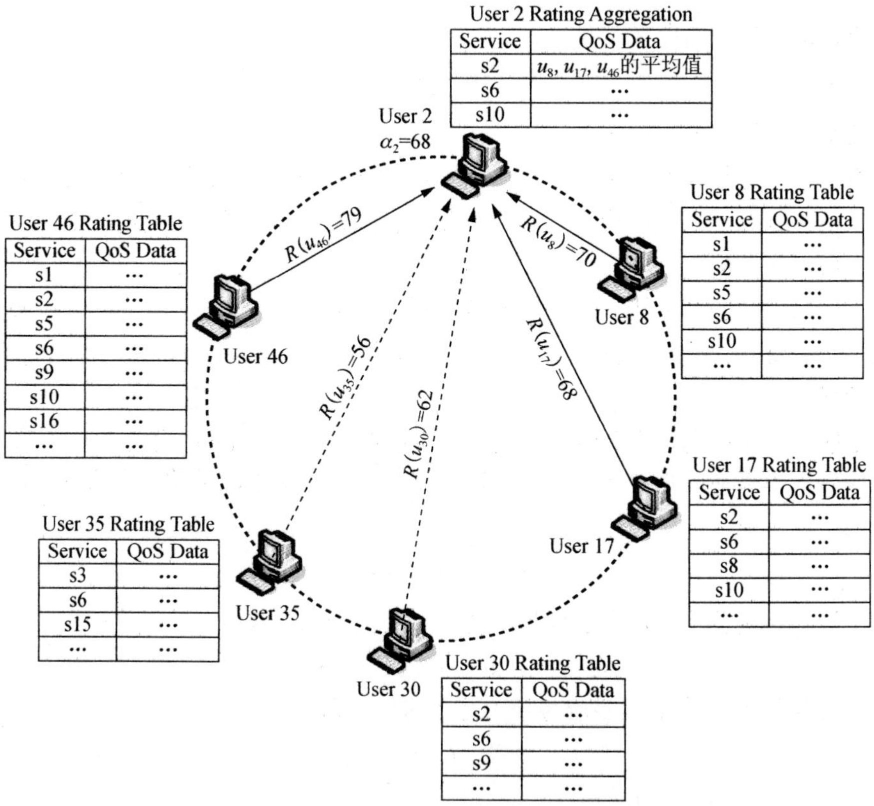

图 4.2　基于 Chord 协议对等网络系统的逻辑结构

表 4.3　软硬件环境

名称	说明
操作系统	Debian 2.6.32-48squeeze1
CPU	Inter Core2 Q9550 2.83GHz
内存	4GB
编译器	GCC 4.3.5（Debian 4.3.5-4）

节点随机分布于 Chord 环上。每个节点代表一个用户。每个用户的服务质量数据储存在相应的节点上。每个用户维护两个表：分值聚合表和本地打分表（Rating Table）。其中分值聚合表用来计算从远程用户处收集到的服务质量数据的聚合结果，本地打分表用来记录本地用户对使用过的网络服务的打分结果。当执行分值聚合时，用户首先计算远程用户的信誉值，只有满足该用户信任阈值的远程用户才会被该用户询问。用户 2 的信任阈值为 68，因此，用户 8、用户 17 和用户 46 被用户 2 询问，而用户 30 和用户 35 不被用户 2 询问。由用户 8、用户 17 和用户 46 给出的网络服务的交集为 s2、s6 和 s10。然后通过本章提出的方法计算上述三个服务的聚合分值。

4.4.2 服务质量属性

考虑五个典型的服务质量属性：可获得性、执行时间(Execution Time)、出错率(Error Rate)、信誉和花费。

（1）可获得性

可获得性是网络服务是否可以被获得的概率，它的值是网络服务对用户请求进行响应的次数与用户总请求次数的比值，即

$$Availability=\frac{\langle successfulRequests\rangle}{\langle totalRequests\rangle} \tag{4-24}$$

其中，$\langle successfulRequests\rangle$ 是网络服务在某个测量时间段内成功响应用户请求的次数；$\langle totalRequests\rangle$ 是该网络服务在上述测量时间段内总共被用户请求的次数。可获得性的值属于区间[0,1]。

（2）执行时间

执行时间用来测量从请求的发出到收到结果期间的延迟。一般来说，执行时间包括处理时间（Processing Time）和传输延迟（Transmission Delay）。执行时间以 ms 为单位给出。

（3）出错率

数据包在传输过程中可能进入错误的路径或受到损坏，这些异常的情况将导致错误消息。为了能够继续使用网络服务，错误消息必须被重传。出错率的值是错误消息的个数与总消息个数的比值，其属于区间[0,1]。

（4）信誉

信誉用于描述网络服务的可信赖性（Trustworthiness）。用户基于自身的使用体验来给出网络服务的信誉。例如，从一星到五星可以分别代表分数区间[0,20)、[20,40)、[40,60)、[60,80)和[80,100]。在本章的实验中，用户给出的网络服务的信誉的值属于区间[0,1]。

（5）花费

花费是指用户使用网络服务所需要支付的费用。网络服务的价格通常都由服务提供者显式地发布出来。通常人们所能接受的是花费应当尽可能少。在本章的实验中，网络服务的每次使用费用为 1～10 元（人民币）。

在上述五个服务质量属性中，可获得性和信誉的值越大越好，执行时间、出错率和花费的值越小越好。在对服务质量数据进行聚合的过程中，默认情况下分值向量有最大分量时表明其是最好的。因此，执行时间、出错率和花费的服务质量数据应当使用倒数形式。这样，上述五个服务质量属性的值都属于区间[0,1]。

4.4.3 实验参数

1. 服务

实验中生成了 2000 个功能近似的网络服务记录及预先确定的服务质量数据。尽管上述五个服务质量属性的值都属于区间[0,1]，为了能够更加逼近现实情况，需要进一步限制它们的取值范围。表 4.4 列出了经过限制后服务质量属性的取值范围。需要注意的是，执行时间、出错率和花费都是倒数形式。所有服务质量属性的取值都在其取值范围内均匀分布。

表 4.4 经过限制后服务质量属性的取值范围

ID	属性	范围
1	可获得性	[0.98,1]
2	执行时间	[1/1000,1]
3	出错率	[0.97,1]
4	信誉	[0,1]
5	花费	[1/10,1]

2. 用户

为了简单起见，选取 100 个用户，每个用户持有 30 个不同网络服务的服务质量数据。对于用户的信誉值 $R(u)$，考虑如下两种情况。

1）均匀分布（Uniform Distribution）：用户的信誉值在区间[1,100]上均匀分布。

2）正态分布（Normal Distribution）：用户的信誉值在区间[1,100]上正态分布，且均值为 50，标准差为 16.67。

3. 服务质量数据

由于网络服务的价格通常由服务提供者显式地发布出来，因此用户体验到的服务质量数据只包含可获得性、执行时间、出错率和信誉，具体的数值基于预先确定的服务质量数据来生成，生成过程中引入一定量的偏差（Deviation）。

假设网络服务 s_i 在服务质量属性 q_j 下预先确定的服务质量数据为 $x_{s_i q_j}$，用户 u_k 给网络服务 s_i 在服务质量属性 q_j 下的打分为 $x_{u_k s_i q_j}$。假定偏差的程度受用户的信誉值 $R(u)$ 的支配，并引入如下效用函数（Utility Function）：

$$d(u)=\left(1-\frac{R(u)}{100}\right)\cdot\delta \tag{4-25}$$

来计算偏差的程度，其中相关系数（Correlation Coefficient）δ属于区间$(0,1]$，则有

$$x_{u_k s_i q_j}=\left[1-d(u_k)\right]\cdot x_{s_i q_j} \tag{4-26}$$

其中偏差的程度取负值，表示贬低（Depreciation）的程度。

4.4.4 实验结果与分析

对于给定的信任阈值α_k，具有不小于α_k的信誉值的用户构成了可信用户集合U_t。信誉值的两种分布情况下可信用户的个数见图4.3。总体来说，可信用户的个数$|U_t|$在信誉值的两种分布情况下均随着α_k的增大而单调减小。当α_k的值较小时，$|U_t|$在正态分布（Normal Distribution）下的值比其在均匀分布（Uniform Distribution）下的值要大；相反，当α_k的值较大时，$|U_t|$在均匀分布下的值比在正态分布下的值要大。在α_k=50附近，两条曲线交汇并互换了相对位置。

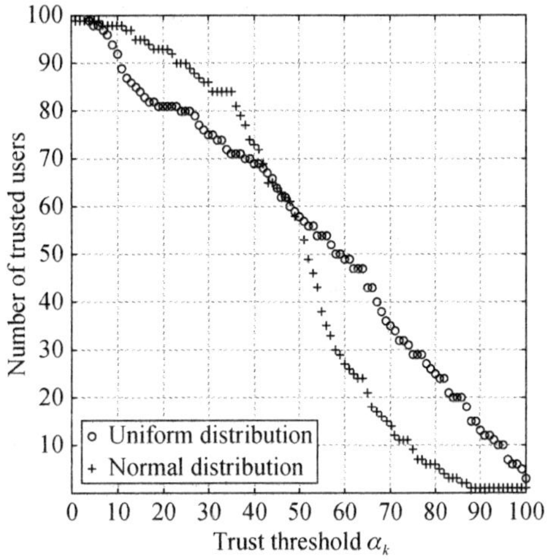

图4.3 信誉值的两种分布情况下可信用户的个数

对于参数设定n'=2、ω=4、θ=8和δ=0.5，实验考虑11个不同的信任阈值，即α_k=0,10,20,30,40,50,60,70,80,90,100，其数值在每次实验中都是固定的，即算法4.1中可能对α_k进行减小的操作被移除。可信用户的集合U_t和网络服务的交集S_u均根据固定的α_k值来直接选出。针对α_k的11个不同取值，进行了大量的实验。实验结果见图4.4和图4.5。由于ω=4，因此可信用户集合U_t中应当至少包含四个用户。根据图4.3可知，当α_k的值大于82时，可信用户的个数小于四个。因此，图4.4和图4.5中的曲线只延伸至$\alpha_k=82$。

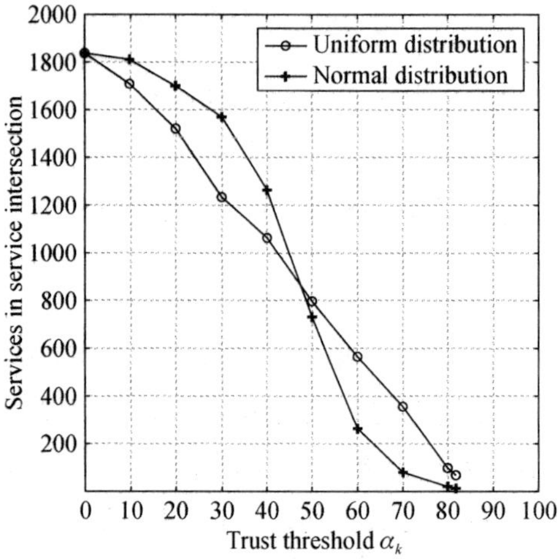

图 4.4　网络服务的交集中服务的个数

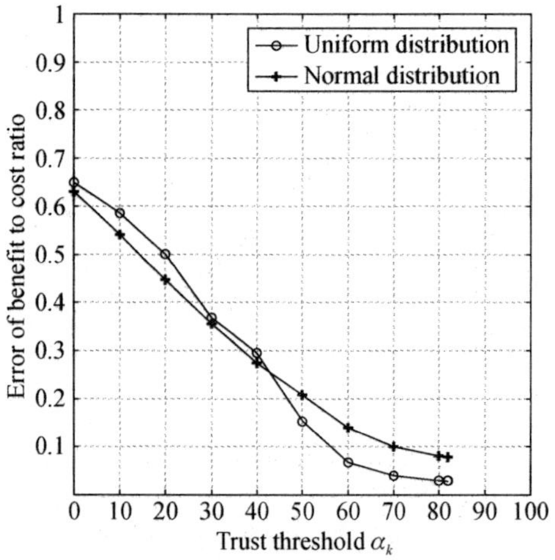

图 4.5　收益花费比的误差

图 4.4 描述了网络服务的交集 S_u 中服务的个数。总体来说，网络服务的交集中服务的个数 $|S_u|$ 在信誉值的两种分布情况下均随着 α_k 的增大而单调减小。两条曲线相互之间的趋势与图 4.3 中的两条曲线保持一致，当 α_k 的值较小时，$|S_u|$ 在正态分布下的值比其在均匀分布下的值要大；相反，当 α_k 的值较大时，$|S_u|$ 在均匀分布下的值比其在正态分布下的值要大。两条曲线在 α_k=50 附近交汇并互换了相对位置。

每次实验都产生一个具有最高收益花费比的服务作为结果，实验计算得出的收益花费比是观测值（Observed Value），而该收益花费比的先验值（Prior Value）是根据预先确定的服务质量数据计算得出的。采用收益花费比的先验值与观测值之间的误差（Error）对本章提出的方法进行评估，即

$$Error=\frac{|observedValue - priorValue|}{priorValue} \tag{4-27}$$

图4.5中，收益花费比的误差在信誉值的两种分布情况下均随着α_k的增大而单调减小。两条曲线的总体趋势与图4.3相反，当α_k的值较小时，误差在均匀分布下的值比其在正态分布下的值要大；相反，当α_k的值较大时，误差在正态分布下的值比其在均匀分布下的值要大。产生上述明显的区别的原因：当α_k的值较小时，$|U_t|$在正态分布下的值比其在均匀分布下的值要大。由于被聚合的服务质量数据较多，总体的贬低程度被降低。因此，收益花费比的观测值与其先验值比较接近。当α_k的值较大时，$|U_t|$在正态分布下的值比其在均匀分布下的值要小。如图4.3所示，当α_k的值大于50时，可信用户的数量急剧减少，给出的服务质量数据随之减少，因此引入的误差更大，进而导致收益花费比的观测值与其先验值差别较大。

当用户的信任阈值不小于80时，由本章提出的方法给出的结果的误差小于10%，这是比较令人满意的。为了进一步研究本章提出的方法，将其与文献[136]中提出的方法进行对比，结果见图4.6，可以看出本章提出的方法在性能上略显优势。

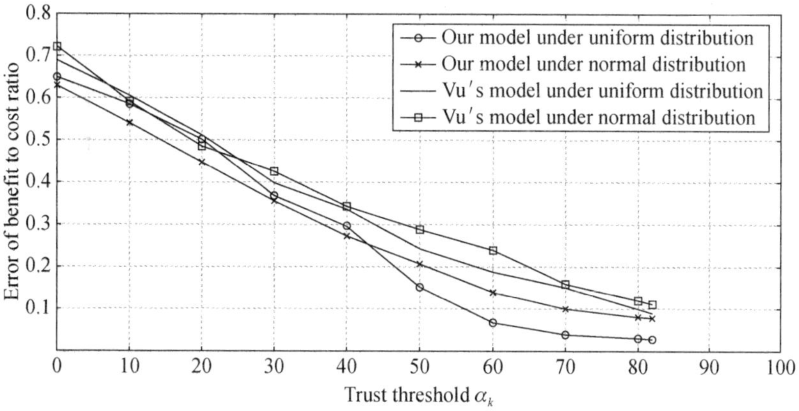

图4.6 收益花费比的误差性能比较

4.5 本章小结

随着服务选择领域中决策方法需求的增加，需要引入更多的数学工具来使服务选择的过程更加容易。在大量的网络服务面前，选出最适合用户需求的服务很困难，其主要原因如下：不同的用户对服务质量属性存在不同的偏好，相同的性能在不同的服务质量属性偏好下得到的分数很可能不同。此外，由于种种原因，服务提供者宣传的服务质量数据通常不是可信的。因此，网络服务的服务质量属性应当通过以往用户的使用经验来进行评估。本章提出了一种协同服务质量感知的服务选择方法，该方法基于层次分析法理论。用户的偏好被映射至层次分析法层次化结构中，由各个准则的权值来体现。对于用户群体中不可避免的恶意用户和偏见用户，引入信任阈值来提供信誉管理，保证服务质量数据收集自可信的用户。为了进一步确保收集到的服务质量数据的可靠性，运用统计分析的方法将离群值排除。通过收益花费比的观测值与先验值之间的误差来反映本章提出的方法的性能。实验结果表明当用户的信任阈值不小于 80 时，由本章提出的方法给出的结果的误差小于 10%，这是比较令人满意的。此外，与其他方法进行对比的实验结果也表明本章提出的方法略显优势。

第5章 低开销服务选择的 *k* 中点设施位置代理模型

5.1 引言

网络信息技术的蓬勃发展已经彻底改变了人类的生产和生活方式。一个明显的趋势是数字化模式逐渐渗透到社会的各个方面。数字社区网络（Digital Community Network，DCN）指包含多种功能的网络区域，这些功能有行政管理（Administrative Management）、资源共享（Resources Sharing）、公共服务（Public Service）和商业服务（Business Service）等。数字社区网络使得服务提供者、社区管理者（Community Administrator）和用户能够进行交互。总体来说，人们可获得的服务包括公共信息（Public Information）、公共安全（Public Safety）、交通控制/运输（Traffic Control/Transportation）、医疗保健（Health Care）、商业服务、教育（Education）和公用事业公司（Utility Company）等[178]。因此，数字社区网络具有以下特征：覆盖范围广、大规模的用户群体及多样性的服务类型。由于不同的服务提供商部署了大量的同质化服务，因此用户面临如何选出最合适服务的问题[81]。

近年来，服务选择问题吸引了众多研究者的关注。其中很大一部分研究工作关注于基于服务质量来对不同的服务进行区别[46,47,159,165,179,180]。此外，还有一类研究提出的方法是基于信誉的（Reputation-based）[181,182]。然而，基于服务质量的方法和基于信誉的方法都要求进行大量的信息收集（Information Gathering）工作。一般来说，网络服务的服务质量打分值（QoS Rating）和信誉分值（Reputation Score）收集自以往使用过该服务的用户。大多数情况下，信息收集是基于某种协同通信协议来进行的，且无论多种多样的应用环境对应的各种网络拓扑的复杂程度如何，仅信息收集的过程就不可避免地引入大量的消息开销（Message Overhead）、偏见化的意见（Biased Opinion）及计算量（Computation Amount）等。过多的额外消息开销和计算量会显著影响整个网络的性能。偏见化的意见很有可能导致收集到的结果是不可信的。尽管吞吐量、延迟、可依赖性、可获得性和信誉分值等评估准则在基于服务质量和基于信誉的方法中被详尽地考虑，但是针对一组用户关于服务器和用户间连接开销的全局性优化（Global Optimization）的研究目前处于空白阶段。文献[183]对流量因素进行考虑并提出了针对服务放置（Service Placement）问题的方法。然而，在实际中，绝大多数服务都是提前被部署在固定设施中的。因此，对于想要选取合适服务的一组用户来说，获得全局性优化的服务分配（Service Allocation）方案的需求要比获得巧妙的服务放置方案的需求迫切得多。

针对数字社区网络中用户面临的服务选择问题，本章提出一种 *k* 中点设施位置（*k*-median Facility Location，*k*-FL）代理模型，该模型基于著名的设施位置问题（Facility

Location Problem，FLP）。k-FL 代理旨在为数字社区网络中的一组用户提供足以服务该组用户的 k 个服务的列表。具体来说，k-FL 代理关注于为数字社区网络中的一组用户寻找优化的服务分配方案，且所选出的 k 个服务能够使得该组用户总的连接开销（Connection Cost）最小。

5.2 设施位置问题

设施位置问题[184]是由 Cooper 最先提出的，鉴于其在应用领域的重要性，多年来设施位置问题一直是研究热点[185]。总体来说，设施位置问题处理的是设施位置的建模。在网络服务器分配、通信基站选择、物流中心选址及医疗机构选址等应用领域经常涉及设施位置问题。

5.2.1 设施位置问题描述

为了方便讨论，引入一些定义和变量来描述设施位置问题。

假设存在 n 个设施位置和 m 个用户，将设施位置的集合表示为

$$FL=\{fl_1, fl_2, \cdots, fl_n\} \tag{5-1}$$

设施 fl_i 的启用开销（Opening Cost）用 f_i 来表示，且 $f_i \geqslant 0$。设施的启用开销是一个总揽的术语，它包含了建筑建设费用、日常运行费用和设备维护升级费用等。具体来说，使用集合：

$$F=\{f_1, f_2, \cdots, f_n\} \tag{5-2}$$

来表示设施位置集合中 fl_i 所对应的启用开销。只要设施位置被启用，那么它就能够为用户提供网络服务。对于任意需要被服务的单个用户来说，都需要且仅需要一个设施。将用户的集合表示为

$$U=\{u_1, u_2, \cdots, u_m\} \tag{5-3}$$

对于用户 $u_j \in U$，其使用由设施位置 fl_i 处设施提供的服务的连接开销用 $d(fl_i, u_j)$ 来表示，且 $d(fl_i, u_j) \geqslant 0$。这里，连接开销是指通信开销。一般来说，距离越远，通信开销越大。

将设施位置和用户看作同一平面内点的集合，则有点集：

$$V=FL \cup U=\{v_1, v_2, \cdots, v_{n+m}\} \tag{5-4}$$

令 $v_i=fl_i \in FL$ 且 $v_j=u_j \in U$，则用户 u_j 使用由设施位置 fl_i 处设施提供的服务的总开销为

$$Cost(v_i, v_j)=f_i + d(v_i, v_j) \tag{5-5}$$

为了解决设施位置问题，需要确定集合 S，且 $S \subseteq FL$。该集合中设施位置处的设施能够为用户集合 U 中的所有用户提供服务，同时使得总开销 $Cost(S)$ 最小。

$$Cost(S)=\sum_{v_i \in S} f_i + \sum_{v_j \in U} d(v_i, v_j) \tag{5-6}$$

如前所述，对于任意需要被服务的单个用户来说，需要且仅需要一个设施。对于设施位置 fl_i，将共存在该设施位置处的设施用集合 $N_f(fl_i)$ 来表示，将该设施位置同时并存的用户用集合 $N_u(fl_i)$ 来表示。如果集合 $N_f(fl_i)$ 和集合 $N_u(fl_i)$ 中元素的个数都没有上限，则该设施位置问题称为无容量限制设施位置问题（Uncapacitated Facility Location Problem，UFLP）。无容量限制设施位置问题被证明是 NP-hard 问题[186]。

由于本章将设施位置和用户看作同一平面内点的集合 V，那么集合中的元素能够被认为处于同一个度量空间（Unified Metric Space），该度量空间用 Θ 表示，Θ 中的距离函数用 d 表示。对于 Θ 中的任意三个点 v_i,v_j,v_k，有

$$d(v_i,v_j)\geqslant 0 \tag{5-7}$$

$$d(v_i,v_i)=0 \tag{5-8}$$

$$d(v_i,v_j)=0 \Rightarrow v_i=v_j \tag{5-9}$$

$$d(v_i,v_j)=d(v_j,v_i) \tag{5-10}$$

$$d(v_i,v_j)+d(v_j,v_k)\geqslant d(v_i,v_k) \tag{5-11}$$

由于实际中存在很多限制因素，因此出现了无容量限制设施位置问题的许多变体。例如，对于设施位置 fl_i，该设施位置同时并存的用户个数总存在一个上限。另外，由于设施位置 fl_i 处可以共存若干个设施，这些设施的个数同样总存在一个上限。为了对总的开销进行最小化，需要确定设施位置的集合及每个设施位置处共存的设施个数。这里，总的开销包括启用开销和连接开销。这类问题被称为带有软限制的有容量限制设施位置问题（Capacitated Facility Location Problem with Soft Capacities，SCFLP）。然而，存在每个设施位置只允许存在一个设施的可能。此外，设施位置处能够并发的用户个数也可以具有一个上限。这类问题被称为带有硬限制的有容量限制设施问题（Capacitated Facility Location Problem with Hard Capacities，HCFLP）。在实际中，每个设施位置处通常都只有一个设施。那么，设施位置 fl_i 处共存的设施个数 $|N_f(fl_i)|=1$。这就引出了被广泛应用的 k 中点（k-median）问题。

5.2.2 k 中点问题

作为原始的无容量限制设施位置问题的变体，k 中点问题额外引入一个参数 k，且 $0<k<|FL|$。k 中点问题与原始的无容量限制设施位置问题的主要区别表现在三个方面：第一，每个设施位置处只能存在一个设施；第二，选取的设施总数不能大于 k；第三，设施位置不具有启用开销。为了解决 k 中点问题，需要确定集合 S，且 $S\subseteq FL$，$|S|\leqslant k$。所有用户都由集合 S 中设施位置处的设施提供服务，且选中的集合 S 应当使总开销最小。由于设施位置不具有启用开销，因此总开销仅包含连接开销，即

$$Cost(S)=\sum_{v_j\in U} d(v_i,v_j) \tag{5-12}$$

由于设施位置 fl_i 处共存的设施个数 $|N_f(fl_i)|=1$，设施位置可以被认为等价于设施。

因此，为了方便讨论，在本章余下的篇幅中使用设施位置集合 FL 来表示设施。尽管 k 中点问题没有对设施位置同时并存的用户个数做出限定，但是从实际出发，设施 fl_i 同时并存的用户个数 $|N_u(fl_i)|$ 应当属于区间 $[0,m]$，且 $m=|U|$。那么，有

$$N_u(fl_1)\cup N_u(fl_2)\cup\cdots\cup N_u(fl_n)=U \tag{5-13}$$

$$N_u(fl_i)\cap N_u(fl_j)=\varnothing \quad i,j=1,2,\cdots,n \ (i\neq j) \tag{5-14}$$

用户 u_j 使用设施 fl_i 所提供的服务涉及的总开销为

$$Cost(fl_i,u_j)=d(fl_i,u_j) \tag{5-15}$$

显然，k 中点问题的理想解（Ideal Solution）为每个用户都由距离其最近的设施来提供服务。令 $v_i=fl_i\in FL$，$v_j=u_j\in U$ 且 $V=FL\cup U$，则 k 中点问题的理想解可以通过以下方法得到：

$$\forall v_j\in V,\ \hat{d}(v_i,v_j)=\min_{\forall v_k\in FL}\{d(v_k,v_j)\} \tag{5-16}$$

那么，理想解的总开销为

$$C\hat{o}st(S)=\sum_{v_j\in U}\hat{d}(v_i,v_j) \tag{5-17}$$

由式（5-16）可知，每个 $\hat{d}(v_i,v_j)$ 都是最小化的，因此，式（5-17）中的总开销也是最小的。

5.3 *k* 中点设施位置代理

5.3.1 *k*-FL 代理

随着数字通信网络的发展，用户和网络服务的规模都急剧增长。数字社区网络的管理者面临的问题是如何高效地为整个社区的用户获得一个总的服务选择结果。服务位置协议（Service Location Protocol，SLP）[187]在一些服务选择方案[188-190]中得到应用。服务位置协议支持两种模式：基于目录的（Directory-based）和非目录的（Non-Directory-based）。在运行服务位置协议的网络中，担任目录代理的节点对服务的位置及属性信息进行缓存，进而增强服务位置协议的性能。为了获得服务的信息，用户可以向目录代理（Directory Agent）或服务代理（Service Agent）发送服务需求（Service Demand）。

本节提出 k 中点设施位置代理模型来解决数字社区网络中的服务选择问题。具体的应用场景见图 5.1。图 5.1 中点画线所包含的区域为数字社区网络，服务提供者、社区管理者（Community Administrators）和用户三者之间的交互用实线箭头表示，数字社区网络与外界的连接发生在用户和设施（Facilities）之间，它们之间的交互用虚线箭头表示。*k*-FL 代理（*k*-FL Agent）由社区管理者进行管理，*k*-FL 代理的功能与服务位置协议中目录代理的功能类似。然而，服务位置协议并没有对目录代理的具体实现做出说明。因此，在本章提出的模型中，*k*-FL 代理根据社区管理者给出的算法（Algorithm）来运行，其

具体行为不仅包括服务位置协议中目录代理的基本功能，同时还具有一些更高级的功能。服务提供者将自身的服务信息向 *k*-FL 代理进行注册，服务信息的更新由服务提供者主动发起，*k*-FL 代理仅负责接收服务注册和服务更新，被动地对服务信息进行更新。当用户需要某个服务时，它给 *k*-FL 代理发送服务需求。对于包含大量用户的网络社区来说，很可能存在许多并发的服务需求。*k*-FL 代理的主要作用是基于当前所注册的服务信息来提供能够满足所有服务需求的总的服务选择结果。具体来说，总的服务选择结果是根据社区管理者给出的算法得出的。*k*-FL 代理将每个选出的服务信息点对点地发送给相应的用户，用户收到由 *k*-FL 代理发送的服务信息后向部署有该服务的特定设施发送服务请求（Service Request）并等待服务响应（Service Response）。

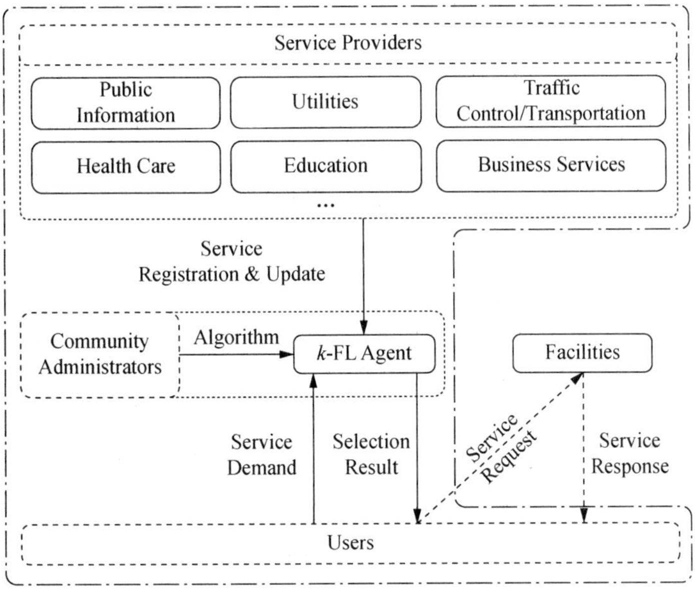

图 5.1 应用场景

在实际中，网络服务是由服务提供者部署在专用设施中的。尽管某个设施可以提供多种服务，但是该设施的并发用户个数是有上限的。互联网公司所拥有的设施个数与公司的规模成正比。一般来说，具有一定影响力的服务提供商的设施覆盖范围是全国性的，甚至全球性的。显然，设施的个数远小于数字社区网络的个数。因此，可以认为单个设施拥有巨大的业务处理能力。正常情况下某个设施能够并发服务的用户个数远大于单个数字社区网络的服务需求。一般来说，服务提供者在数字社区网络中的分支机构仅负责服务信息的注册和更新。因此，用户与网络服务被部署的设施之间的距离通常是比较远的，距离越远，连接开销越大。为了方便管理，数字社区网络同时能够连接的设施个数也应当具有一个上限。因此，社区管理者不仅需要考虑总的连接开销，还需要考虑连接到数字社区网络的设施的个数。

为了更好地阐述本章提出的模型，给出如下形式化的定义。数字社区网络包含四种类型的实体（Entity）：社区管理者（Community Administrator，CA）、*k*-FL 代理（*k*-FL Agent，

AGENT)、服务提供者(Service Provider，SP)和用户(User，U)。另一类实体设施(Facility，FAC) 不属于数字社区网络的范围。上述五类实体和 DCN 的定义见表 5.1。

表 5.1　实体和 DCN 的定义

名称	定义
社区管理者	CA ::=<*ca_id*>
服务提供者	SP ::=<*sp_id*>
用户	U ::=<*u_id*><*u_cost*>
设施	FAC::=<URL><max_N_u><cur_N_u><*f_cost*>
k-FL 代理	AGENT::=<CA><*algorithm*><*service_db*><*k*>
数字社区网络	DCN::=<CA><AGENT><SP>{SP} <U>{U}

为了简单起见，CA 和 SP 仅包含一个 id 属性，分别为 *ca_id* 和 *sp_id*。除了包含 id 属性 *u_id*，U 还包含了另一个属性 *u_cost*，该属性表示 U 与 DCN 的边界网关进行通信的连接开销。FAC 包含四个属性：URL、max_N_u、cur_N_u 和 *f_cost*，其中 URL 表示用户访问该设施所提供服务的总入口（Entry），属性 max_N_u 和 cur_N_u 分别表示并发用户个数允许出现的最大值和实际的并发用户个数，最后一个属性 *f_cost* 表示 FAC 与 DCN 的边界网关进行通信的连接开销。AGENT 属于它的第一个属性 CA，并且执行由 CA 给出的 *algorithm*。AGENT 的第三个属性是 *service_db*，它储存由服务提供者给出的服务信息。AGENT 的最后一个属性表示与 DCN 连接的设施个数不能大于 *k*。

上述五类实体之间的交互通过六类消息来实现：服务注册（sRegistration）、服务更新（sUpdate）、服务需求（sDemand）、服务选择结果（sResult）、服务请求（sRequest）和服务响应（sResponse）。上述六类消息的定义见表 5.2。

表 5.2　消息的定义

名称	定义
服务注册	sRegistration::=<SP> <*sr_id*><FAC><*service_type*>
服务更新	sUpdate::=(<*modify*><sRegistration>)|(<*del*><SP><*sr_id*>)
服务需求	sDemand::=<U><*service_type*>
服务选择结果	sResult::=<U><FAC><SP><*sr_id*>
服务请求	sRequest::=<FAC><*service_type*><U>
服务响应	sResponse::=<U><*service_content*><FAC>

服务提供者 SP 通过发送 sRegistration 消息将自身的服务信息向 AGENT 进行注册，sRegistration 消息的第二个属性 *sr_id* 在第一个属性 SP 的范围内具有唯一性，其第三个属性 FAC 表示该服务被部署在哪个设施中，第四个属性 *service_type* 指出该服务的功能。此外，*service_db* 中的记录项的格式和 sRegistration 的格式相同。除了发送 sRegistration 消息外，当已经注册过的服务信息需要修改或删除时，服务提供者 SP 发送 sUpdate 消息。两种形式的更新由 sUpdate 消息的第一个属性进行区分：*modify* 或 *del*。修改操作需

要提供一个新的 sRegistration 消息作为第二个属性，而删除操作仅需要提供 SP 和 *sr_id*。当需要某个服务时，用户会向 AGENT 发送一个 sDemand 消息，该消息包含两个属性：U 和 *service_type*，前者指明初始的发送者，后者指明想要的功能。一旦得出总的服务选择结果，AGENT 会向收到的每个 sDemand 消息的对应用户发送一个 sResult 消息。该消息包含四个属性：第一个属性 U 表示目的地。第二个属性 FAC 表示选定的设施。最后两个属性 SP 和 *sr_id* 指明具体的服务。当收到 sResult 消息后，用户可以向包含在 sResult 消息中的 FAC 发送 sRequest 消息，然后，该 FAC 向用户发送 sResponse 消息。sRequest 消息和 sResponse 消息都包含 FAC 和 U 来指明来源地与目的地。此外，sRequest 消息使用属性 *service_type* 来表明用户的需求，sResponse 消息使用属性 *service_content* 来对用户进行服务。

假设 DCN 包含 m 个用户，即 $U=\{u_1,u_2,\cdots,u_m\}$。同时，服务设施的个数为 n，即 $FL=\{fl_1, fl_2,\cdots, fl_n\}$。此外，发送给 AGENT 的并发服务需求的个数为 m'，且 $m'\leqslant m$。对于任意设施，有 $\text{FAC}.max\_N_u >> m$ 和 $\text{FAC}.cur\_N_u=0$。连接到 DCN 的设施个数的最大值为 k，且 $k\leqslant n$。本章假定服务提供者们部署的服务足以满足任意的服务需求。对于 m' 个并发服务需求，将服务选择问题的可行解用集合 SR 来表示，且 $|SR|=m'$。集合 SR 中的元素用 sr_i 来表示，且 $1\leqslant i\leqslant m'$。对于 DCN 来说，总的连接开销为

$$Cost(SR)=\sum_{i=1}^{m'}(sr_i.\text{FAC}.f\_cost+sr_i.\text{U}.u\_cost) \tag{5-18}$$

式（5-18）中包含 m' 项，可行解集合 SR 中涉及的设施的个数小于或等于 k。将涉及的设施用集合 S 来表示，且 $|S|\leqslant k$。由于每个服务需求仅需要一个设施来进行服务，因此有 $|S|\leqslant m'$。目标是使总的连接开销 $Cost(SR)$ 最小。从本质上说，可以将其看作一个 k 中点问题。本章设计局部搜索算法和贪心算法两种算法来解决该问题。

5.3.2 局部搜索算法

局部搜索算法的基本思想如下。为了使总的连接开销 $Cost(SR)$ 最小，首先随机性地产生一个可行解 SR，且 $|SR|=m'$。集合 SR 中涉及的设施用集合 S 来表示，且有 $S\subset FL$ 和 $|S|=k$。然后对集合 S 中的元素进行修改，进而来改变集合 SR 中的元素。这样做的目的是尽可能地减少总的连接开销 $Cost(SR)$。对集合 S 中的元素的修改由函数 op 来进行，该函数所做的操作是一个交换（Swap）。

为了对交换操作的次数进行控制，引入一个变量 MAX_ITER 来限制迭代的次数。修改过程由若干次 op 操作构成，直到总的连接开销 $Cost(SR)$ 最小。当不存在 $op(S)$ 操作使得 $Cost(SR)$ 可以进一步减小或迭代的次数已经等于 MAX_ITER 时，算法终止。此时得到的集合 SR 为局部最优解，其所涉及的设施集合为 S。局部搜索算法的具体步骤如算法 5.1 所示。

算法 5.1：局部搜索算法。

1：$S, SR \leftarrow$ a random solution, $|S|=k, |SR|=m'$

$op ::= op(S) = S \setminus \{fl_i\} \cup \{fl'_i\}, fl_i \in S, fl'_i \in FL \setminus S$

$S' ::= S + op(S), SR' ::= SR + S'$

$iter \leftarrow 0$

repeat

  if $\exists op(S)$ allows $Cost(SR') < Cost(SR)$ **then**

    $S \leftarrow S', SR \leftarrow SR'$

  end if

  $iter \leftarrow iter + 1$

until (no $op(S)$ can reduce $Cost(SR) \mid iter == MAX\_ITER$)

return S, SR

如果将一个随机的可行解和局部优化解分别用集合 SR_0 和集合 SR^* 来表示，相应的设施分别集合 S_0 和集合 S^* 来表示。假设存在某个操作 $op(S)$ 使：

$$Cost(SR') \leqslant (1 - \frac{\varepsilon}{p(n,m')}) \cdot Cost(SR) \tag{5-19}$$

其中，$\varepsilon > 0$，$p(n,m')$ 为 n 与 m' 的多项式。op 操作的次数最多为

$$\log(Cost(SR_0) / Cost(SR^*)) / \log \frac{1}{1 - \varepsilon / p(n,m')} \tag{5-20}$$

由于 $\log(Cost(SR_0))$ 的输入大小为多项式级的，且 op 操作的时间复杂度（Time Complexity）也为多项式级的，因此局部搜索算法的时间复杂度也为多项式级的。

5.3.3 贪心算法

贪心算法的基本思想如下。首先，集合 FL 中所有的设施都纳入考虑范围，即初始时设施集合 $S = FL$。然后，将集合 S 中所有设施的实际并发用户个数置为零。设施 fl_i 和用户 u_j 之间的连接开销为

$$d(fl_i, u_j) = fl_i.f\_cost + u_j.u\_cost \tag{5-21}$$

首先，将给 AGENT 发送服务需求的 m' 个用户与 n 个设施之间的连接开销用一个 $n \times m'$ 的矩阵 $\boldsymbol{M}_d = (d_{ij})$ 来表示，且 $d_{ij} = d(fl_i, u_j)$。然后，确保所有用户都由距离最近的设施来服务，即每个用户与其相应的服务设施之间的连接开销都不大于与集合 S 中其余设施之间的连接开销。具体来说，对于用户 u_j，距离其最近的设施 fl_k 通过比较矩阵 $\boldsymbol{M}_d$ 中第 j 列的 n 个元素来得出。然后，将用户 u_j 添加至设施 fl_k 的实际并发用户集合。此时，集合 S 中有 n' 个设施，且这 n' 个设施对应服务的每个用户的连接开销都最小，那么，总的连接开销也是最小的。然而，此时集合 S 中有 n' 个元素，但是集合 S 中元素的个数应当为 k，且 $k \leqslant n'$。因此，那些并发用户个数较少的设施需要从集合 S 中移除。这些被移除的设施之前所服务的用户需要重新指派给集合 S 中剩余的其他设施。例如，用户 u_j 之前由一个被移除的设施 fl_r 来服务，它将被重新指派给集合 $S \setminus \{fl_r\}$ 中距离它最近的设施。上述移除和重新指派的操作过程一直重复进行，直到集合 S 中恰好剩下个 k 设施。

当集合 S 中恰好剩下个 k 设施时，算法终止。此时得到的集合 SR 为最优解，其所涉及的设施集合为 S。贪心算法的具体步骤如算法 5.2 所示。

算法 5.2：贪心算法。

1： **for** each facility $fl_i \in FL$ **do**
2： $\quad N_u(fl_i) \leftarrow \varnothing$
3： **end for**
4： **for** each $i=1,2,\cdots,n$ **do**
5： $\quad$ **for** each $j=1,2,\cdots,m'$ **do**
6： $\quad\quad d_{ij} \leftarrow d(fl_i,u_j)$
7： $\quad$ **end for**
8： **end for**
9： **for** each user $u_j \in U$ **do**
10： $\quad d_{kj} = \min\limits_{1 \leq i \leq n}\{d_{ij}\}$
11： $\quad N_u(fl_k) \leftarrow N_u(fl_k) \cup \{u_j\}$
12： **end for**
13： **repeat**
14： $\quad fl_r = \{fl_i \mid \min\limits_{1 \leq i \leq |S|} N_u(fl_i)\}$
15： $\quad$ **for** each user $u_j \in N_u(fl_r)$ **do**
16： $\quad\quad d_{kj} = \min\{\{d_{1j},d_{2j},\cdots,d_{|S|j}\}\setminus\{d_{rj}\}\}$
17： $\quad\quad N_u(fl_k) \leftarrow N_u(fl_k) \cup \{u_j\}$
18： $\quad$ **end for**
19： $\quad S \leftarrow S \setminus \{fl_r\}$
20： **until** $|S| == k$
21： **return** S, SR

计算 n 个设施的并发用户个数的过程具有的时间复杂度为 $O(\max(n,m'))$。确定并发用户个数最少的设施的操作具有的时间复杂度为 $O(n)$。为了对被移除设施服务的孤儿（Orphan）用户进行重新指派，需要对矩阵 $\boldsymbol{M}_d$ 执行表查找（Table Lookup）操作，该操作具有的时间复杂度为 $O(n \times m')$。因此，贪心算法的时间复杂度为 $O(n^2 \times m')$。

5.3.4 算法比较

局部搜索算法和贪心算法采用了不同的策略来对 DCN 总的连接开销进行最小化，有必要对上述两种算法的性能进行对比。具体来说，考虑 DCN 的两个重要参数：连接至 DCN 的设施个数 k 和发送给 AGENT 的并发用户需求个数 m'。由于 DCN 总的连接开销是与发送给 AGENT 的 m' 个并发用户需求相关的连接请求之和，在其他条件都相同时，DCN 总的连接开销随着 m' 的增加而增大。下面介绍参数 k 的影响。

对于局部搜索算法来说，首先生成可行的随机解集合 SR。集合 SR 所涉及的设施用集合来 S 表示，且有 $S \subset FL$ 和 $|S| = k$。最小化的过程是通过交换集合 S 和集合 $FL \setminus S$ 中的元素来实现的。因此，当 k 的值较小时，集合 $FL \setminus S$ 中存在较多的候选设施可被用来进行交换操作。相反地，当 k 的值较大时，集合 $FL \setminus S$ 中存在的可被用来进行交换操作的候选设施就比较少。因此，当 k 的值较小时，其所取值的波动比 k 的值较大时对 DCN 总的连接开销（或平均连接开销）产生的影响更为显著。

对于贪心算法来说，首先，设施集合 FL 中所有的设施都被纳入考虑范围，即 $S = FL$。然后，每个用户所最适合的设施通过将其与距离最近的设施进行配对的准则来选出。由于集合 S 的最终形式应当是其包含的设施个数为 k，且 $k \leqslant n'$。因此，那些并发用户个数较少的设施需要从集合 S 中移除。这些被移除设施之前所服务的用户被重新指派给集合 $S \setminus \{fl_r\}$ 中剩余设施中距离该用户最近的设施。当 k 的值较小时，在算法执行过程的接近完成部分，集合 S 中的设施个数也是较小的。此时，由于集合 S 中所有的设施都可以被看作是距离用户比较远的，那么对用户的重新指派对连接开销导致的差异很有可能较轻微。相反地，当 k 的值较大时，集合 S 中的设施个数比 k 的值较小时要多。当一个用户需要被重新指派时，对连接开销所产生的差异很有可能比较显著。如果认为重新指派前的设施距离该用户是近的，那么重新指派后新的设施就可以被认为距离该用户是远的。因此，当 k 的值较大时，其所取值的波动比 k 的值较小时对 DCN 总的连接开销（或平均连接开销）产生的影响更为显著。

如果局部搜索算法中迭代次数 MAX_ITER 的值足够大，则总的连接开销 $Cost(SR)$ 最终将被最小化。对于贪心算法来说，要获得最小化的总的连接开销，需要有 $n-k$ 个设施从集合 S 中移除，即贪心算法中总共有 $n-k$ 次迭代。因此，为了对上述两种算法的性能进行评估，取 $MAX\_ITER=n-k$。此外，由于局部搜索算法的初始解是随机产生的，当 $n-k$ 次迭代结束时，仍然有可能存在若干个 $op(S)$ 操作可以使得总的连接开销 $Cost(SR)$ 被进一步减小。因此，当局部搜索算法终止时，总的连接开销 $Cost(SR)$ 有可能并不是最小化的。相反地，由于贪心算法总共包含 $n-k$ 次迭代，当贪心算法终止时，总的连接开销 $Cost(SR)$ 一定是最小化的。因此，贪心算法的性能要优于局部搜索算法。

5.4 实验与分析

5.4.1 实验环境

本节通过实验对提出的算法进行性能评估。在通信网络和计算机网络的研究领域中，存在许多流行的网络模拟器。著名的网络模拟器有 OMNeT++[155]、OPNET[154]、NetSim[156]、NS-2[152]和 NS-3[153]。考虑具体的应用场景，选用 NS-2 作为底层平台来实现实验系统。具体的软硬件环境见表 5.3。

表 5.3 软硬件环境

名称	说明
操作系统	Debian 2.6.32-48squeeze1
CPU	Inter Core2 Q9550 2.83GHz
内存	4GB
编译器	GCC 4.3.5（Debian 4.3.5-4）
模拟器	NS-2.35

5.4.2 实验参数

实验中 DCN 包含的用户个数为 m=100，服务提供者个数为 p=8。DCN 中的 AGENT 能够执行局部搜索算法和贪心算法，将局部搜索算法和贪心算法分别表示为 LSA 和 GA。可选用的设施个数为 n=25，则局部搜索算法中的迭代次数 $MAX\_ITER=n-k=25-k$。每个设施只隶属于一个服务提供者，而且只有设施所有者的服务能够被部署在该设施上。25 个设施和 8 个服务提供者的所属关系见表 5.4，小括号中的数字表示每个设施的连接开销 f_cost 值。

表 5.4 设施和服务提供者所属关系

SP	FAC
sp_1	$fl_1(782), fl_2(769), fl_3(453)$
sp_2	$fl_4(690), fl_5(254)$
sp_3	$fl_6(736), fl_7(128), fl_8(349)$
sp_4	$fl_9(141), fl_{10}(187), fl_{11}(841), fl_{12}(726)$
sp_5	$fl_{13}(385), fl_{14}(956), fl_{15}(131)$
sp_6	$fl_{16}(495), fl_{17}(443), fl_{18}(789), fl_{19}(816)$
sp_7	$fl_{20}(268), fl_{21}(541), fl_{22}(501), fl_{23}(682)$
sp_8	$fl_{24}(739), fl_{25}(779)$

为了不失一般性，f_cost 和 u_cost 的值分别均匀分布在区间[100,1000]和区间[10,100]上。将 25 个设施和 100 个用户的连接开销分别用数组 f_cost 和 u_cost 来表示，上述两个数组的值见图 5.2。

服务的信息提取自数据集 QWS Dataset 2.0[158]，该数据集包含互联网上 2507 个真实的网络服务，已经被不少文献使用[191-193]。为 8 个服务提供者从该数据集中随机选取了 2000 个服务的记录。服务提供者所拥有的服务个数与该服务提供者所拥有的设施个数成正比。为了能够更加逼近实际情况，采用了冗余部署的策略，即服务提供者的某些服务被部署在不止一个服务设施上。实验具有两个重要参数：第一个参数是连接至 DCN 的设施个数 k，且 $k \leqslant n$。一般来说，当 k 的值较大时，DCN 总的连接开销要比 k 的值较小时小一些。第二个参数是 m'，即发送给 AGENT 的并发服务需求的个数，且 $m' \leqslant m$。当 m' 的值较大时，DCN 总的连接开销要比 m' 的值较小时大一些。将参数 k 和 m' 的值分

别限制为 $k \in [5,20]$ 和 $m' \in [10,90]$。

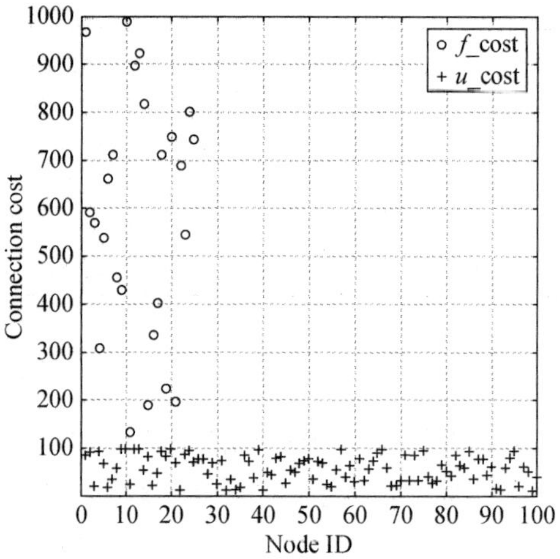

图 5.2　25 个设施和 100 个用户的连接开销

5.4.3　实验结果与分析

为了获得稳定和可信的实验结果，针对给定的服务部署条件进行了大量的实验。在每次实验中，服务需求都由 m' 个用户来随机产生。一旦 AGENT 接收到 m' 个服务需求，其根据 CA 提供的算法来生成总的服务选择结果，该结果包含 m' 条服务记录。每条服务记录都将被封装在一个 sResult 消息中。每个 sResult 消息都被发送给对应的用户。当用户收到 sResult 消息后，其可以向该 sResult 消息中包含的 FAC 发送 sRequest 消息。为了分析本章提出的算法，总的服务选择结果已经够用。因此，一旦获得总的服务选择结果，就将实验终止。略去余下的操作可以提高实验的效率。

在其他条件都相同时，DCN 总的连接开销随着服务需求个数的增加而增大。因此，实验关注于平均连接开销（Average Connection Cost）。对于 m'=30 和 m'=70，考虑 $k \in [5,20]$ 中的 16 个整数，两种算法下的平均连接开销见图 5.3。

图 5.3 中，m' 个用户的平均连接开销随着 k 值的增大而单调减小。因此，连接到 DCN 的设施越多，DCN 总的连接开销就越小。对于 m'=30 和 m'=70，图 5.3 中曲线总体的趋势是近似的，GA 的性能要优于 LSA。对于 LSA，当 k 的值较小（$k \leqslant 12$）时，平均连接开销的减小幅度要比 k 的值较大（$k \geqslant 12$）时略显著。换而言之，在 LSA 下，m'=30 和 m'=70 两条曲线均为下凸的（Concave）。相反地，在 GA 下，m'=30 和 m'=70 两条曲线均为上凸的（Convex）。此外，四条曲线的拐点都位于 $k=12$ 附近。因此，当 k 的值较小时，在 LSA 下对平均连接开销产生的影响较为显著；而当 k 的值较大时，在 GA 下对平均连接开销产生的影响较为显著。对于 LSA 和 GA，平均连接开销在 $m'=70$ 时的数值均大于它们在 $m'=30$ 时的对应数值。需要注意的是，这并不足以得出更多的服务需求总会使平均连接开销增大的结论。对于不同的 m' 值，平均连接开销有可能保持相同。因此，有必要对平均连接开销与服务需求个数之间的关系进行研究。对于 k=10 和

k=15，考虑 $m' \in [10,90]$ 中的九个整数，两种算法下的平均连接开销见图 5.4。

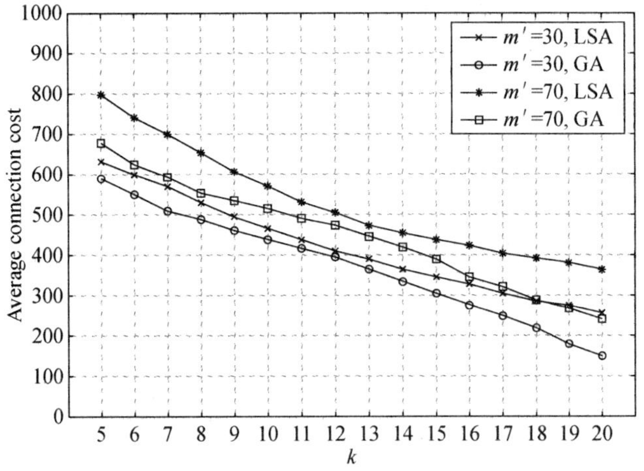

图 5.3　平均连接开销随参数 k 的变化

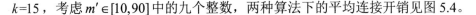

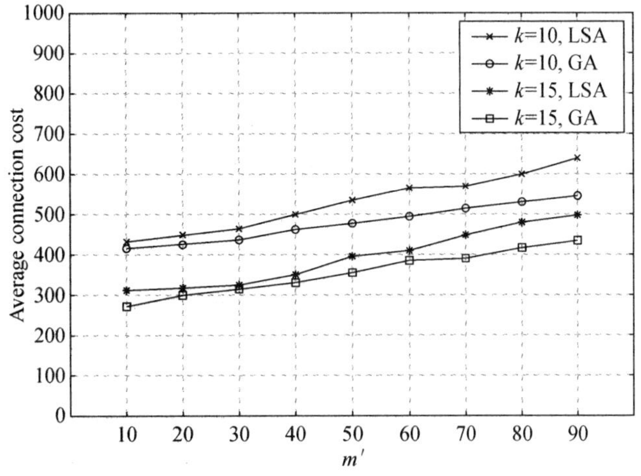

图 5.4　平均连接开销随参数 m' 的变化

图 5.4 中，m' 个用户的平均连接开销随着 m' 值的增大而单调增加，GA 的性能要优于 LSA。对于 k=10 和 k=15，LSA 和 GA 下的性能差异是类似的。总的来说，当 m' 的值较小（$m' \leqslant 50$）时，LSA 和 GA 之间的性能差异较小；当 m' 的值较大（$m' \geqslant 50$）时，LSA 和 GA 之间的性能差异较大。因此，当存在大量的服务需求时，GA 在对减少 DCN 总的连接开销上要明显优于 LSA。当采用同一个算法时，曲线 k=10 的数值要比其在曲线 $k=15$ 的相应数值大一些，这是由于更多的设施能够给 AGENT 更大的选择空间，进而有利于降低总的连接开销。

对于 DCN 的 CA 来说，为了减轻管理工作的负担，连接至 DCN 的设施个数应当尽可能小。由于 DCN 总的连接开销和连接至 DCN 的设施个数都要小，因此就要在它们之间进行权衡并寻找折中。考虑如下设置：m'=50，AGENT.*algorithm*=GA。对于 $k \in [5,20]$

中的每个整数值，每个用户发出一个服务需求，则对应这 50 个用户需求，有相应的 50 个连接开销数值。不妨将这 50 个连接开销数值的平均值用 C 来表示。本章通过 C 与其对应的 k 的乘积来研究二者的折中关系，$C\times k$ 与 k 的关系见图 5.5。

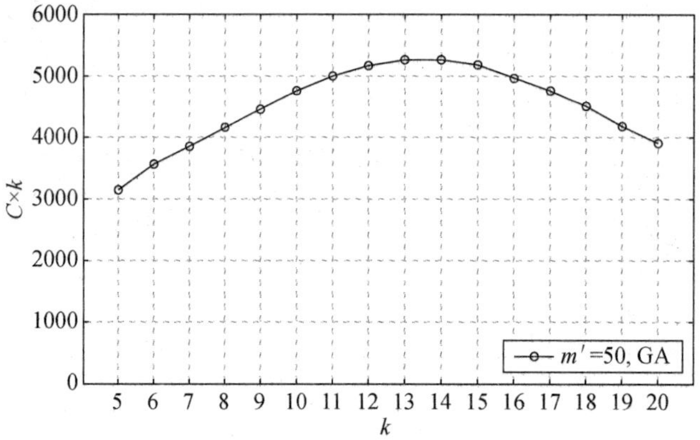

图 5.5　连接开销与 k 的折中关系

尽管图 5.3 显示随着 k 值的增加，m' 个用户的平均连接开销单调减小，但相对于 k 值的增加，$C\times k$ 展示了另一种不同的趋势。图 5.5 中，当 $k\in[5,13]$ 时，$C\times k$ 的值单调增加，曲线在 k=13 时达到最高点，同时该点也是拐点。当 $k\in[13,20]$ 时，$C\times k$ 的值单调减小。在实际的生产环境中，如果连接至 DCN 的设施个数比 DCN 总的连接开销更重要，那么 CA 应当在拐点的左侧选取一个 k 值。反之，k 值应当在拐点的右侧选取。

5.5　本 章 小 结

本章基于设施位置问题提出了 k-FL 代理模型，该模型旨在解决数字社区网络中的服务选择问题。针对上述应用场景，设计了五类实体和六类消息。网络服务的注册、更新、删除、选择及使用都由五类实体通过六类消息来完成。k-FL 代理模型的核心内容是它能够根据社区管理者给定的具体算法来为整个社区产生总的服务选择结果。在基于 NS-2 开发的实验平台上对提出的两种算法——局部搜索算法和贪心算法进行了实验评估。实验主要围绕两个重要参数进行：连接到数字社区网络的设施个数和发送给 k-FL 代理的并发服务需求个数。实验结果表明，贪心算法在性能上要优于局部搜索算法。当需要在数字社区网络总的连接开销和连接至数字社区网络的设施个数之间进行权衡折中时，对于连接至数字社区网络的设施个数来说存在一个拐点。位于拐点右侧的区间更适合用于减少数字社区网络总的连接开销，而位于拐点左侧的区间更适合用于减少连接至数字社区网络的设施个数。

第6章

6 自治的动态服务发现体系结构

6.1 引　言

随着越来越多的网络服务被部署到互联网上，人们对服务发现机制的需求越来越迫切。目前，服务发现领域已经开始对服务发现机制进行初步的研究。文献[194]设计了使用 OWL-S 通告的服务发现模型。文献[195]对语义服务发现的形式化方法做了回顾并提出了描述功能和服务请求的一种新的形式化方法。文献[98]运用 *k*-means 聚类方法来解决服务发现问题。此外，文献[196]充分研究了处理网络服务功能性属性和非功能性属性的服务发现方法。文献[197]将服务发现方法以专利的形式进行呈现。

总的来说，服务发现可以通过三种方法来进行：响应式（Reactive）方法、主动式（Proactive）方法和混合式（Hybrid）方法。在响应式方法中，有服务需求的用户节点（User Node）发起服务查询（Service Query），收到该服务查询的其他节点可以通过发起服务应答（Service Reply）来对该服务查询进行应答，做出应答的节点可以是目录节点（Directory Node）、服务节点（Service Node）或其他用户节点。在主动式方法中，服务信息由服务节点周期性地（Periodically）进行通告。目录节点和用户节点都可以接收服务通告（Service Advertisement）。如果用户节点有潜在的服务需求，并且恰巧收到了合适的服务通告，那么它就可以直接使用该服务通告中包含的服务信息，而不用发起服务查询来寻找合适的服务。

通常，响应式方法仅在需要时才产生网络流量。从某种程度上说，这使得消息开销尽可能小。在服务查询的过程中，原始的服务查询消息有可能由无法对其做出应答的节点转发。为了避免洪泛整个网络，需要对查询消息的生存时间（Time-To-Live，TTL）进行精巧的设定。然而令人进退两难的是，较小的生存时间值会限制查询消息的传播范围，不利于服务发现；而较大的生存时间值会扩大传播范围并将查询消息洪泛到一个广阔的区域，影响整个网络的性能。由于响应式方法中服务节点不主动发起服务通告，因此服务发现的延迟和失败率（Failure Rate）都比较高。在主动式方法中，周期性的服务通告消息的生存时间值同样需要谨慎地选取。此外，为了减轻由周期性的服务通告消息引起的洪泛效应，服务通告的频率也应当精心地设置。在主动式方法中，无论是否存在对服务信息的需求，服务节点都周期性地发起服务通告，因此服务发现的延迟和失败率都要低于响应式方法。然而，这也持续地给整个网络带来了一定数量的消息开销。由于响应式方法和主动式方法具有各自的优势和劣势，混合式方法结合了这两种互补的方法。由于引入了两种方法各自的劣势，因此如何使两种方法融合是一个具有挑战性的问题。

本章提出了基于移动自组织网络的自治的动态服务发现体系结构模型。该模型基于著名的 Chord 协议，并且能够在基于目录的模式和无目录的模式下运行。该模型的拓扑控制通过局部位置优化（Local Location Optimization，LLO）算法和全局位置优化（Global Location Optimization，GLO）算法来实现。用户的位置隐私通过局部位置优化中的方向探测算法（Direction-Probing Algorithm）来进行保护。针对节点能量节约（Energy Conservation）的问题，设计了功能调控算法（Function Tuning Algorithm）。该模型的关键功能是能够在基于目录的模式和无目录的模式之间进行自主的模式切换（Autonomic Mode Switch）。

6.2 服务发现体系结构

服务发现体系结构通常分为两类：基于目录的体系结构和无目录的体系结构。

6.2.1 基于目录的体系结构

在基于目录的体系结构中，目录结构可以通过集中式的（Centralized）和分布式的（Distributed）方式来实现。

对于集中式目录，所有的服务信息都储存在同一个地方。整个网络中的所有服务都应当在一个集中式的仓库（Repository）处进行注册。同时，该集中式的仓库负责处理所有的服务查询。集中式目录的例子有互联网工程任务组（Internet Engineering Task Force，IETF）提出的服务位置协议（Service Location Protocol，SLP）[187]、太阳微系统（Sun Microsystems）公司开发的 Jini 技术[198]、国际商用机器（International Business Machine，IBM）公司提出的 Salutation 协议[199]、微软（Microsoft）公司开发的通用即插即用设备体系结构[200]、蓝牙技术联盟（Bluetooth Consortium）提出的蓝牙服务发现协议（Bluetooth Service Discovery Protocol）[201]、文献[202]提出的安全的广域服务发现服务（Service Discovery Service）及文献[203]提出的国际命名系统（International Naming System，INS）等。一般来说，集中式目录具有如下特点：简易性（Simplicity）、不可避免的单点失效（Single Point of Failure）、差的可扩展性（Poor Scalability）及弱的移动性（Weak Mobility）支持。相反地，分布式目录具有的特点为一定程度的复杂性（Complexity）、健壮性（Robustness）、良好的可扩展性（Good Scalability）及较强的移动性（Strong Mobility）支持。基于移动自组织网络环境的特点，选用分布式目录更为合适一些。因此，本章略去上述集中式目录的细节，并关注于分布式目录的具体实例。

对于分布式目录，需要关注广域（Wide-area）服务发现的问题。广域服务发现的概念包含两方面内容：第一，服务注册（Service Registration）的复制（Replication）；第二，服务查询的转发（Forwarding）。由于目录代理位于多个位置，它们接收到的服务注册通常是不同的。因此，每个目录代理只知晓整个网络中注册过的一部分服务信息。如果分布式目录中没有复制机制，服务信息只在它所进行注册的特定目录代理附近是可获得的。对于具有复制机制的分布式目录，其所包含的目录代理之间通常可以进行通信。通过对服务信息进行复制，每个目录代理都能知晓整个网络中注册过的所有服务信息。对于不支持对服务注册进行复制的分布式目录，为了提升服务发现的成功率，目录代理可以将本地无法应答的服务查询转发给其他目录代理，该操作依赖于分布式目录提供的转发机制。目前，在分布式目录方面已经有了初步的研究，按照目录代理的组织方式，分布式目录可以分为以下四类：基于骨干网的（Backbone-based）[204-206]、基于簇的（Cluster-based）[207-210]、基于分布式哈希表的（DHT-based）[211,212]及其他类型的[213,214]分布式目录。

文献[204]提出一种虚拟骨干网来进行服务的注册和查找，该虚拟骨干网由网络中节点的子集构成，这些节点组成一个控制集（Dominating Set）。尽管不存在复制机制，但是当遇到本地无法应答的服务查询时，隶属于骨干网的节点会将该查询转发给其他骨干网节点。然而，该方案存在一个缺陷是转发操作的目的地是随机选取的。文献[205]提出了对上述缺陷进行补救的方案，该方案将未解决的服务查询转发给可能拥有相应服务信息的节点，目的地节点的选取是基于目录代理之间配置文件（Profile）的交换来进行的。文献[206]构建了能够覆盖整个网络中所有服务信息的骨干网。然而，由于仅允许一个服务提供者加入该骨干网，一个完整的骨干网有可能被分解成若干个孤立的部分。这样的话，骨干网的全局性通信就被切断。那么，对服务查询的处理能力会被削弱。

文献[207]提出了对层次化服务环的一个语义覆盖（Semantic Overlay）。服务环（Service Ring）被看作目录，其由一组服务提供者构成。接收服务注册和应答服务查询的功能都由服务环来提供。尽管不提供复制机制，但是服务环会对其无法应答的服务查询进行转发。文献[208]提出将服务动态地组织进多层次的簇中，该方案做了一个假设：存在一个通用的本体论能够描述整个网络中所有的服务。当节点接收到服务查询后，首先检查自身叶子层的（Leaf-level）簇。如果该服务查询无法被应答，则继续检查更高层的（Higher-level）簇来寻找合适的服务。值得一提的是，文献[207]和文献[208]中节点是基于物理接近性（Physical Proximity）和语义接近性（Semantic Proximity）来进行成簇的。文献[209]提出基于节点移动模式的相似性来进行成簇。簇头（Clusterhead，CH）随时准备对服务查询进行应答，簇中的其余节点在空闲时进入休眠状态。文献[210]提出基于节点的物理接近性来进行成簇，每个簇的网关担任目录的角色。由于该方案中未解决的服务查询可以被转发给其他的网关，因此广域服务发现是可行的。

如前所述，当不存在复制机制时，未解决的服务查询应当被转发给其他节点。然而，确定合适的转发目的地并不容易。与基于骨干网的模型和基于簇的模型不同，基于分布式哈希表的模型具有一个令人振奋的特点，即哈希表能够方便地提供位置信息。文献[211]提出一个基于集合点的（Rendezvous-based）体系结构。该体系结构的基本思想是将整个网络进行地理性划分，每个地理区域负责网络中的一部分服务信息。服务信息是按照类似于哈希表的（Hash-table-like）映射机制（Mapping Scheme）被映射至地理区域的。每个地理区域内的一部分节点被选出来对映射来的信息进行维护。由于服务查询所使用的哈希函数和对服务信息进行映射所使用的哈希函数是相同的，因此服务查询的合适的转发目的地可以很容易地在目录代理处获得。文献[212]中描述了与文献[211]中方案类似的方法，不同之处是映射来的信息是由地理区域内所有节点共同处理的。

不涉及骨干网、簇和分布式哈希表的其他服务发现方法也值得注意。文献[213]设计了名为 Konark 的服务发现和服务交付（Service Delivery）协议，该协议面向移动自组织网络，并且其采用去中心化的、纯对等网设计，网络中的每个节点都拥有一个数据库，该数据库用来储存由其他节点提供的服务信息。文献[214]针对 IPv6 环境下的移动自组织网络提出了一个自组织名称服务（Ad hoc Name Service，ANS）系统来应对服务发现问题和名称地址（Name-to-Address）转换。该方案假定每个节点都可以通过自组织无状态地址自动配置（Ad hoc Stateless Address Autoconfiguration）方法来配置一个站点本地域的（Site-local Scoped）IPv6 单播地址[215,216]。

6.2.2 无目录的体系结构

由于移动自组织网络本身就不具有基础设施，因此有观点认为无目录的体系结构要比基于目录的体系结构更加适合基于移动自组织网络的服务发现方案[217]。无目录的体系结构与基于目录的体系结构的一个重大区别是无目录的体系结构中不包含目录代理，即整个网络中只存在用户代理（User Agent）和服务代理。此体系结构不需要对目录代理进行组织和维护，减少了服务发现体系结构的复杂性：用户代理发起服务查询，服务代理发起服务通告。然而，尽管服务查询是按需生成的，但是在转发过程中服务查询的复制品（Replicate）的个数是很大的。除此之外，为了减小延迟和增加服务的可获得性，服务通告的个数也是很可观的。这样，追求较高的服务发现性能有可能带来比较严重的洪泛问题。

因此，与服务查询和服务通告相关的操作受到了研究者的广泛关注。文献[218]提出了针对普适环境（Pervasive Environment）的基于群组的服务发现（Group-based Service Discovery，GSD）协议。该协议由两部分构件组成：第一个构件是对等网缓存（Peer-to-Peer Caching）机制，其负责对服务通告进行传播分发。节点将收到的服务通告储存在一个名为服务缓存（Service Cache）的本地数据库中，采用最少剩余生命期（Least-Remaining-Lifetime）缓存替换法进行缓存的更新。第二个构件是基于群组的智能转发策略，该策略用来调控服务查询的转发。具体来说，未解决的服务查询被转发给拥有匹配服务信息的节点，目的地节点的确定基于服务缓存中包含的服务信息。文献[219]提出了名为应答信息缓存增强的灵活转发概率（Reply Info Caching Enhanced Flexible Forward Probability，RICFFP）服务发现协议。该协议也由两部分构成：应答信息缓存（Reply Info Caching，RIC）和灵活转发概率（Flexible Forward Probability，FFP）。应答信息缓存技术与文献[218]中的对等网缓存机制类似。具体来说，节点能够缓存收到的服务应答中的服务信息。对于收到的服务查询，如果缓存中存在匹配的记录，则该服务查询可以被直接应答。灵活转发概率的本质是服务查询的转发概率与其已经传送的跳数（Hops）成反比。文献[220]介绍了一种针对服务通告的优化转发机制。通过监测邻居节点，节点几乎不给自身的一跳（One-hop）邻居转发收到的服务通告。因此，服务通告的广播转变成了若干个单播。文献[221]将应用环境设置为单跳的（Single-hop）、短距离的（Short-range）无线系统。对于每个节点，服务通告的广播被预先计划为在确定的时间间隔上进行，这个预先计划的操作由指数退避（Exponential Back-off）算法来实现。文献[222]和文献[223]提出的分发策略是类似的，它们均对收到的服务通告中包含的服务信息进行缓存。此外，只有没有过期的并且近期未曾出现过的服务通告才会被广播出去。

6.2.3 存在的问题

由于基于目录的体系结构和无目录的体系结构是互补的，因此移动自组织网络环境下服务发现的另一个方案是混合式的体系结构。对于混合式的体系结构中的节点，如果其通信范围内没有目录代理，那么服务通告和服务查询的发送方式与在无目录的体系结构中相同；如果节点的通信范围内存在目录代理，那么服务通告中包含的服务信息就需要向服务代理进行注册，此外服务查询可以被目录代理和服务代理应答。尽管针对上述三类服务发现体系结构已经有了大量的研究成果，究竟哪个体系结构优于另外两个依然颇具争议。对它们进行比较的困难性很大程度是由移动自组织网络环境的特点导致的。例如，移动自组织网络中的节点通常都具有不同程度的移动性。节点移动的速度和方向都是不可预知的，但网络中节点之间的常规通信不应该由于节点的移动而中断。由于移动自组织网络是自组织的（Self-organized），因此通常对节点的加入和离开没有限制。网络中新参与者的加入或现有参与者的离开可能会使网络拓扑产生较为显著的变化。同样，整个网络中的通信不应该受到影响。

对于基于目录的体系结构，服务查询的生存时间值应当至少确保该服务查询能够到达潜在的目录节点。对于无目录的体系结构，如果服务查询的频率较低，那么由服务注册和目录维护引入的消息开销将有可能超过由服务通告引入的消息开销。对于无目录的体系结构和混合式的体系结构，对服务查询和服务通告采用较大的生存时间值能够改进服务发现的性能。但是，需要在洪泛效应和性能提升之间做出折中。对于无目录的体系结构来说，当存在大量的服务查询时，需要增加服务通告的数量。但是，由于服务查询和服务通告都通过简单地广播来进行传播，即使冒着引发网络拥塞的风险，也不一定能获得比较令人满意的服务发现性能。文献[51]指出开发一种新的、灵活的服务发现体系结构是很有价值的，该体系结构应当能够根据移动自组织网络的状态来对自身的各项参数进行调整，并对自身的工作模式进行切换，这里的工作模式是指基于目录的模式和无目录的模式。

6.3 自治的动态服务发现

6.3.1 网络模型

1. 节点

在本章提出的模型中，移动节点可能具有的角色有三个：服务提供者、服务请求者和服务目录。为了能够执行服务发现过程中涉及的操作，上述三类节点分别具有以下三个关键构件：服务代理（Service Agent，SA）、用户代理（User Agent，UA）和目录代理（Directory Agent，DA）。为了简单起见，本章余下的篇幅中将服务提供者节点、服务请求者节点和服务目录节点分别称为 SA 节点、UA 节点和 DA 节点。因此，本章考虑的移动自组织网络由 SA、UA 和 DA 三类节点构成。

2. 目录代理

目录代理即 DA 节点，其提供储存服务信息的场所。SA 节点将自身的服务信息发送给 DA 节点进行注册。对于 UA 节点发起的服务查询，DA 节点基于自身拥有的服务信息进行应答。简言之，DA 节点的存在能够增强服务发现体系结构的有效性。全体 DA 节点基于 Chord[142]协议构成一个结构化的对等网络。Chord 协议是一个可扩展的分布式查找协议，该协议已经应用于服务发现领域[192,224,225]。Chord 协议提供的最重要的操作是将键映射至节点。通过一致性哈希（Consistent Hashing）操作，每个数据项可以与唯一的键进行关联。键-值对储存在键所对应的节点上。Chord 协议提供了节点加入和节点离开的相应机制，能够确保整个网络的正常运行。Chord 协议中所有节点都是对等的，其具有自身的信息传递机制。借用无线传感器网络中的概念，无线传感器网络中的节点周期性地给汇聚节点发送信息，尽管这样做使得路由工作更加容易，但是文献[226]和文献[227]指出靠近汇聚节点的节点承受了过多的中继工作量。因此，这些节点的电量会比其他节点更早地枯竭。相反，在本章提出的模型中，由全体 DA 节点构成的 Chord 网络不具有汇聚节点，整个网络的状态是由监测令牌（Monitoring Token）来收集和呈现的，监测令牌的详细内容见本章的后续内容。此外，文献[228]、文献[229]和文献[230]详细研究了无线传感器网络中簇头的轮换（Rotation）。然而，簇头的选举和轮换不可避免地引入大量的额外开销。在本章提出的模型中，Chord 协议自身所具有的一致性哈希机制使得键被均匀地映射至 Chord 网络中的所有节点。同样，Chord 协议中的查找操作也基于相同的一致性哈希机制。因此，对于全体 DA 节点来说，服务查询的过程也是负载平衡的。上述特征使得本章提出的模型可以避免某些 DA 节点异常快速地耗尽电量。

3. 统一的服务信息管理机制

所有参与服务发现体系结构的节点（DA、SA 和 UA）都需要知晓服务信息管理机制。具体来说，该机制包含一个用来对服务进行描述（Profile）的属性列表。表中的每个属性都可以取一系列数值，将属性和它们的值用表 L 表示，网络中所有的节点都完全知晓这个表的内容。例如，名为“scope”的属性可以表示服务的应用领域，其取值可以为搜索引擎、新闻组和匿名 FTP 等。假定表 L 中的属性及它们对应的值是提前确定好的。将属性用集合 $property=\{pr_1, pr_2, \cdots, pr_{np}\}$ 来表示，其中 pr_i 的相应取值由集合 $p_i=\{pv_{i1}, pv_{i2}, \cdots, pv_{im}\}$ 来表示。每个属性占用 1 字节（byte），则其有 m=256 个不同的取值。现在，引入服务描述的定义。

定义 6.1（描述，Description）：服务的描述是指字符串 $desp=pv_{1s}, pv_{2j}, \cdots, pv_{(np-i)k}$，其中 $0 \leqslant i < np$ 且 $1 \leqslant s, j, k \leqslant 256$。该字符串通过依次连接 $np-i$ 个属性的值来构成。当 $i=0$ 时，称 $desp$ 是一个完全描述（Complete Description）；当 $i \neq 0$ 时，称 $desp$ 是一个不完全描述（Incomplete Description）。

那么，总共存在 $\prod_{i=1}^{np}|p_i|$ 个不同的完全描述可以用来对服务进行描述。服务描述的格式见图 6.1。

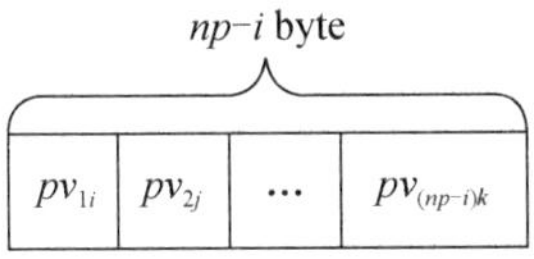

图 6.1　服务描述

6.3.2　基于目录的模式

在基于目录的模式中，全体 DA 节点构成一个 Chord 网络。此外，移动自组织网络中所有的节点都是移动的。SA 节点将自身的服务信息向 DA 节点进行注册。由 UA 节点发起的服务查询是由 DA 节点来处理的。

1. 服务注册和服务注销

对于服务注册来说，提交给 DA 节点的服务信息由三部分组成：服务的描述、服务提供者的 ID（如公司名称）及访问该服务的 URL 地址。需要注意的是，只有服务的完全描述可以被用来进行服务注册。给服务提供者的 ID 预留了 32 字节的空间。尽管 HTTP 协议没有规定 URL 的最大长度，但是本章提出的模型将其最大长度限制为最大 2048 字节。服务注册的格式见图 6.2。

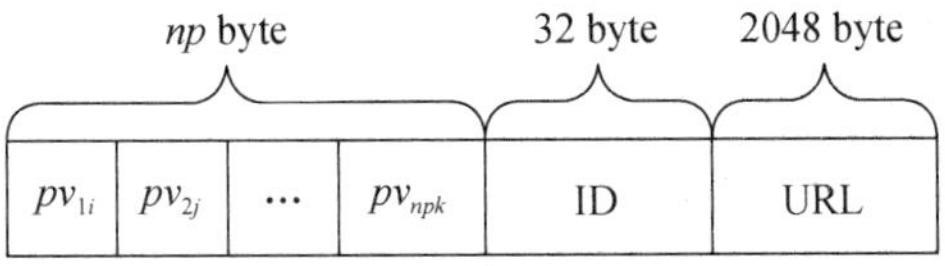

图 6.2　服务注册的格式

不妨将 Chord 网络的标识符空间用 2^m 来表示。为了容纳 $\prod_{i=1}^{np}|p_i|$ 个不同的完全描

述，需要满足：

$$2^m \geqslant \prod_{i=1}^{np} |p_i| \tag{6-1}$$

使用 SHA-1[157]作为一致性哈希函数来为 DA 节点和服务生成键，将所使用的哈希函数用 $sHash(string)$ 来表示。当接收到合法的服务注册时，DA 节点首先给发起该服务注册的 SA 节点发送服务注册确认（Service Registration Acknowledgment）信息。然后，该 DA 节点从服务注册中提取出描述和 ID 作为一个字符串 str，该服务的键通过 $key = sHash(str)$ 得到。最后，该 DA 节点将 $\langle key, \mathrm{URL} \rangle$ 对发送给负责该 key 的 DA 节点。SA 节点可以向其通信范围内的任意 DA 节点进行服务注册。只要 SA 节点收到某个服务的服务注册确认信息，就无须再对该服务进行注册。当 SA 节点在向某个 DA 节点注册一系列服务时该 DA 节点突然失联（双方不在通信范围内或该 DA 节点失效），此时该 SA 节点可以联络其他的 DA 节点来对剩余的服务进行注册。服务注销采用和服务注册类似的方式进行。

2. 键生成和查找

在非结构化的对等网络中，基于关键字（Keyword）的查找是可行的。然而，在结构化的对等网络协议 Chord 中，对文件名称的一致性哈希表及分布式哈希表不允许这样的操作。因此，只有完全匹配的方式是可行的。文献[231]提出了名为反向索引（Inverted Index）的 $\langle keyword, node \rangle$ 映射方式，基于关键字的查询通过冗余存储来实现。该方法的最大弊端是常见关键字（Common Keyword），负责常见关键字的节点不可避免地承受了大量的存储和应答负担。在本章提出的模型中，键的产生是通过对由服务描述和服务提供者 ID 连接而成的字符串执行哈希操作来获得的。对服务提供者 ID 的包含解决了上述的常见关键字问题。

当具有潜在的服务需求时，UA 节点首先从表 L 中选出若干个感兴趣的属性。然后，该 UA 节点将和服务描述具有相同格式的服务查询发送给 DA 节点。当收到服务查询后，DA 节点首先检查属性值是否有缺失。对于完全描述，该 DA 节点将自身所知晓的服务提供者 ID 追加在该完全描述之后，并对由该描述和服务提供者 ID 组成的字符串进行哈希操作。然后，该 DA 节点对所得到的键进行查找。然而，由于用户自身的不确定性，很有可能存在一些属性的值缺失的情况。那么，DA 节点收到的就是不完全描述。对于缺失的 i 个属性值，DA 节点将每一个都使用该属性以往最受欢迎的查询值来进行填充。将填充进去的最受欢迎的查询值的个数用 $nmpv$ 来表示。

DA 节点对原始的不完全描述完成填充操作后，得到 $nmpv$ 个完全描述。该 DA 节点将自身所知晓的服务提供者 ID 追加在上述完全描述之后。将 DA 节点所知晓的服务提供者的个数用 nsp 来表示。对于应用场景 i=1、$nmpv$=3 和 nsp=2，不完全描述的填充（Filling）和追加（Appending）操作见图 6.3。由于不完全描述经过填充和追加操作后得到六个字符串，因此需要查询与之对应的六个不同的键。

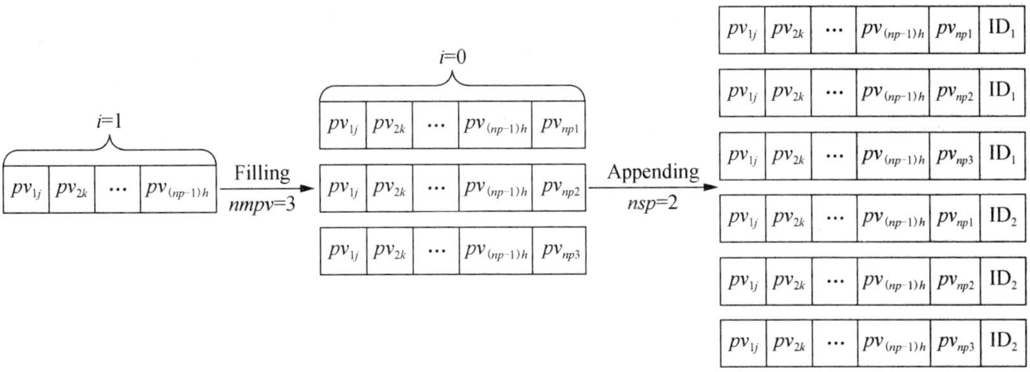

图 6.3　填充和追加操作

属性值的缺失是允许的，因为这样可以为 UA 节点提供相对开放的查询结果。由于需要查询的服务信息是根据 UA 节点和 DA 节点的期望产生的，因此，完全描述和不完全描述均有可能最后无法得到实际的查询结果。对于针对实际存在的服务的键的查询，对该键负责的 DA 节点首先会给发起该查询的初始 DA 节点发送服务应答。然后，查询结果由发起该查询的初始 DA 节点反馈给 UA 节点。

3. 拓扑控制和功能调控

在基于目录的模式下，由于 DA 节点是移动的，移动性会对全体 DA 节点构成的 Chord 网络的拓扑产生重大影响。此外，不可预知的节点失效同样会对网络拓扑产生影响。在本章提出的模型中，全体 DA 节点构成的 Chord 网络的拓扑控制由两个方面构成：局部位置优化和全局位置优化。

局部位置优化是在 DA 节点和与该 DA 节点进行通信的 UA 节点之间进行的。对于单个的 DA 节点来说，将节点在二维平面内 360° 的通信范围划分为六个邻接的区域，每个区域用 α_i 来表示，且 $i=1,2,\cdots,6$，见图 6.4，其中向上的方向表示正北方向。

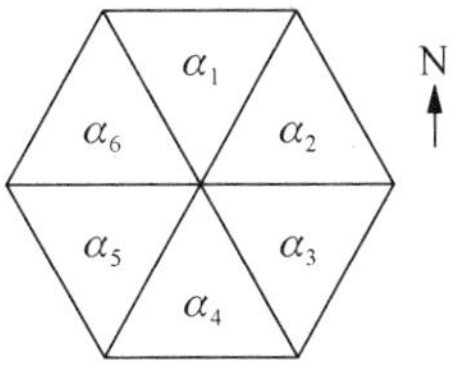

图 6.4　六个邻接区域

局部位置优化的两个突出特征是隐私保护（Privacy Preservation）和能量节约（Energy Conservation）。对于无线电信号的传输，较长的通信距离需要更多的能量。因此，一旦 DA 节点与 UA 节点取得联系后，缩短它们之间的通信距离有利于节约能量。服务查询的结果是由接收查询的原始 DA 节点发送给 UA 节点的，这个过程使通信距离的缩短变得更加重要。由于移动节点装备有全方位（Omni-directional）天线，DA 节点并不了解

UA 节点具体在什么位置，因此无法确定出正确的移动方向来缩短通信距离。出于隐私保护的考虑，UA 节点一般不会以任何形式共享自身的位置信息（如 GPS 坐标）。针对上述问题，设计了一个方向探测（Direction-Probing）算法来确定 DA 节点的移动方向。如图 6.5 所示，该算法包含一个四步移动策略，每个步骤用 s_i 来表示，且 i=1,2,⋯,4 。

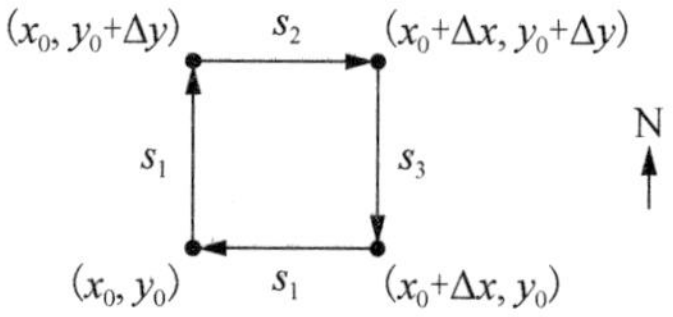

图 6.5　四步移动策略

考虑一个初始位置为 (x_0,y_0) 的 DA 节点和一个位置未知的 UA 节点，DA 节点依次执行以下移动：$s_1(\mathrm{N},\Delta y)$、$s_2(\mathrm{E},\Delta x)$、$s_3(\mathrm{S},\Delta y)$ 和 $s_4(\mathrm{W},\Delta x)$，其中 Δx 和 Δy 均为正值。在执行完一次四步移动后，DA 节点返回初始位置 (x_0,y_0)。在每一步移动的过程中，信号强度的变化被记录下来。信号强度的增加和减少分别用加号（+）和减号（−）来表示，DA 节点的移动方向可以根据表 6.1 来确定。

表 6.1　移动方向确定

区域 \ 方向	N	W	S	E
α_1	+	−	−	−
α_2	+	−	−	+
α_3	−	−	+	+
α_4	−	−	+	−
α_5	−	+	+	−
α_6	+	+	−	−

当同时有若干个 UA 节点与 DA 节点通信时，与不同 UA 节点相关的需要移动的方向很可能是不同的。一般来说，能量消耗（Energy Consumption）与通信距离是成正比的。因此，为了减小总的能量消耗，DA 节点到所有 UA 节点间的距离之和应当尽可能小。考虑两个 UA 节点 ua_1 和 ua_2，它们与同一个 DA 节点的通信距离分别用 r_1 和 r_2 来表示。此外，该 DA 节点处上述两个 UA 节点的信号强度分别用 s_1 和 s_2 来表示。假定信号强度和通信距离遵循平方反比律 $s_i=\delta/r_i^2$，其中 δ 是一个常系数，且 i=1,2 。等式 $r_1+r_2=2\sqrt{r_1\cdot r_2}$ 成立的条件是 $r_1=r_2$，等式 $r_1=r_2$ 等价于 $s_1=s_2$。类似地，对于 n 个 UA 节点，不等式 $r_1+r_2+\cdots+r_n \geqslant n\sqrt[n]{r_1\cdot r_2\cdot\cdots\cdot r_n}$ 取等的条件为 $r_1=r_2=\cdots=r_n$，等式 $r_1=r_2=\cdots=r_n$ 等价于 $s_1=s_2=\cdots=s_n$。因此，该 DA 节点的移动方向是基于令所有 UA 节点的信号强度相等的原则来进行调整的。然而，当 UA 节点较多时，这个取等的过程会比较复杂。因此，选择对 n 个 UA 节点的 n 个移动方向进行加权合成，加权值与 UA 节点各自的信号强度成反

比。详细的方向探测算法见算法 6.1。一旦确定最终的移动方向，DA 节点就开始沿着该方向移动。当两个信号强度变得近似相等时，DA 节点停止移动。每当有新的 UA 节点与 DA 节点取得联系或现有的一个会话终止时，就启动一次新的方向探测过程。

算法 6.1：方向探测算法。

Direction-Probing(da,ua[n])

1： original signal intensity $ua[j].s(0)$

2： **for** $i \leftarrow 1$ **to** 4

3：   **for** $j \leftarrow 1$ **to** n

4：   **if** $ua[j].s(i) > ua[j].s(i-1)$ **then**

5：   signal variation $ua[j].v(i) \leftarrow \text{'+'}$

6：   **else** signal variation $ua[j].v(i) \leftarrow \text{'-'}$

7：   **end if**

8： $s[j][i] \leftarrow ua[j].v(i)$

9：   **end for**

10： **end for**

11： **for** $j \leftarrow 1$ **to** n

12：   **switch**$(s[j])$

13：   **case** '+---': $ua[j].d = \alpha_1$ **break**

14：   **case** '+--+': $ua[j].d = \alpha_2$ **break**

15：   **case** '--++': $ua[j].d = \alpha_3$ **break**

16：   **case** '--+-': $ua[j].d = \alpha_4$ **break**

17：   **case** '-++-': $ua[j].d = \alpha_5$ **break**

18：   **case** '++--': $ua[j].d = \alpha_6$ **break**

19：   **end switch**

20： **end for**

21： $ua'[n]=order(ascending,ua[n],ua[n].s(0))$

22： $s.sum \leftarrow 0$

23： **for** $j \leftarrow 1$ **to** n

24： $s.sum \leftarrow s.sum + ua'[j].s(0)$

25： **end for**

26： **for** $j \leftarrow 1$ **to** n

27： $ua'[j].w=s.sum / ua'[j].s(0)$

28： **end for**

29： $da.d=synthesis(ua'[j].d,ua'[j].w)$

全局位置优化是在 DA 节点之间进行的，其应用了局部位置优化中描述的方向探测算法。与局部位置优化不同，全局位置优化主要关注拓扑维护（Topology Maintenance）。

由于 DA 节点的最大通信范围有限，为了保持由 DA 节点构成的 Chord 网络的连通性，DA 节点之间的相对位置需要被谨慎地控制。Chord 网络总的连通性可以被分解为若干组局部连通性，每个局部包含三个 DA 节点。基于连通性维护算法（Connectivity Maintenance Algorithm）来维护三个 DA 节点的局部连通性。对于单个的 DA 节点 da，根据 Chord 协议，节点 da 分别拥有一个前继（Predecessor）节点和后继（Successor）节点。将这两个 DA 节点分别用 $da.predecessor$ 和 $da.successor$ 来表示。节点 da 与节点 $da.predecessor$ 之间的信号强度用 $da.predecessor.s$ 来表示，节点 da 与节点 $da.successor$ 之间的信号强度用 $da.successor.s$ 来表示。当 $da.predecessor.s$ 或 $da.successor.s$ 持续减小时，节点 da 开始意识到它的前继节点或后继节点正在远离它。一旦 $da.predecessor.s$ 或 $da.successor.s$ 小于阈值 s_{low} 时，节点 da 启动方向探测过程来确定前继节点或后继节点所在的方向。同时，节点 da 向前继节点或后继节点发送 SLOW_DOWN 消息来进行通知。为了避免信号强度进一步降低，在前继节点或后继节点所在的方向确定后，节点 da 就开始沿着该方向移动。此外，收到 SLOW_DOWN 消息的前继节点或后继节点也会调整自身的移动行为来尝试靠近节点 da。一旦 $da.predecessor.s$ 或 $da.successor.s$ 达到某个值时，前继节点或后继节点停止靠近节点 da，这个值用来 s_{normal} 表示。需要注意的是，当 $da.predecessor.s$ 和 $da.successor.s$ 均不小于 s_{normal} 时，节点 da 停止移动。对于前继节点和后继节点来说，可能需要对移动方向进行折中，即节点 da 需要使用一个合成的移动方向。详细的连通性维护算法见算法 6.2。由于 DA 节点的能量是有限的，当 DA 节点的剩余能量非常低时，连通性维护功能应当停止，这个特性由算法 6.2 中的第 43 行来体现。

算法 6.2：连通性维护算法。

$ConnectivityMaintenance(da, da.predecessor, da.successor)$

1： **repeat**
2： $FLAG_1 \leftarrow$ false
3： $FLAG_2 \leftarrow$ false
4： **if** $da.predecessor.s < s_{low}$ **then**
5： $FLAG_1 \leftarrow$ true
6： $da.send$(SLOW_DOWN, $da.predecessor$)
7： $da.d_1 = da.direction\text{-}probing(da, da.predecessor)$
8： **if** $da.predecessor$ received SLOW_DOWN **then**
9： $da.predecessor.d = da.predecessor.direction\text{-}probing(da.predecessor, da)$
10： $da.predecessor.move(da.predecessor.d)$
11： **end if**
12： **end if**
13： **if** $da.successor.s < s_{low}$ **then**
14： $FLAG_2 \leftarrow$ true
15： $da.send$(SLOW_DOWN, $da.successor$)

16:　　　$da.d_2=da.direction\text{-}probing(da,da.successor)$

17:　　if $da.successor$ received SLOW_DOWN then

18:　　　$da.successor.d=da.successor.direction\text{-}probing(da.successor,da)$

19:　　　$da.successor.move(da.successor.d)$

20:　　end if

21:　end if

22:　if $FLAG_1$ && $FLAG_2$ ==true then

23:　　$da.predecessor.w=(da.predecessor.s + da.successor.s) / da.predecessor.s$

24:　　$da.successor.w=(da.predecessor.s + da.successor.s) / da.successor.s$

25:　　$da.d=synthesis(da.d_1,da.d_2,da.predecessor.w,da.successor.w)$

26:　else if $FLAG_1$ ==true then

27:　　　$da.d=da.d_1$

28:　　else if $FLAG_2$ ==true then

29:　　　　$da.d=da.d_2$

30:　　　end if

31:　　end if

32:　end if

33:　$da.move(da.d)$

34:　if $da.predecessor.s \geq s_{normal}$ then

35:　　$da.predecessor.stop(da.predecessor.d)$

36:　end if

37:　if $da.successor.s \geq s_{normal}$ then

38:　　$da.successor.stop(da.successor.d)$

39:　end if

40:　if $(da.predecessor.s \geq s_{normal})$ &&$(da.successor.s \geq s_{normal})$ then

41:　　$da.stop(da.d)$

42:　end if

43:　until $E(da) \leq e_\gamma$

由于能量节约对于构成 Chord 网络的全体 DA 节点来说很重要，因此针对 DA 节点的剩余能量设计了一个功能调控算法。除了对 DA 节点的功能进行调控，该算法还能够辅助拓扑维护。节点 da 剩余的能量用 $E(da)$ 来表示，根据节点 da 剩余能量的三个不同关键值：$e_\alpha > e_\beta > e_\gamma$，其所处的状态为四个：正常（Normal）状态 S_n、较低（Low）状态 S_l、警戒（Alert）状态 S_a 和严重（Serious）状态 S_s，详情见表6.2。

表 6.2 能量状态

状态	描述
S_n	$E(da) > e_\alpha$
S_l	$e_\beta < E(da) \leqslant e_\alpha$
S_a	$e_\gamma < E(da) \leqslant e_\beta$
S_s	$E(da) \leqslant e_\gamma$

当节点 *da* 处于正常状态时，它是全功能的（Fully Functional），即节点 *da* 接收服务注册、处理服务查询、发起服务应答、执行局部位置优化和全局位置优化等。一旦节点 *da* 进入较低状态，其停止执行局部位置优化。当节点 *da* 进入警戒状态后，其给前继节点和后继节点均发送 ALERT 消息。节点 *da* 的前继节点和后继节点在收到 ALERT 消息后立刻停止执行局部位置优化（即使前继节点和后继节点处于正常状态）。换言之，此时节点 *da*、其前继节点和后继节点均为节点 *da* 进入严重状态做了准备。一旦节点 *da* 进入严重状态，其立刻停止其余所有功能，仅保留数据转移功能。依据 Chord 协议，节点 *da* 在即将离开网络时应当将自身所负责的 $\langle key, value\rangle$ 对转移给它的后继节点。当转移结束后，节点 *da* 通知其前继节点将其后继节点修改为节点 *da* 的后继节点。类似地，节点 *da* 通知其后继节点将其前继节点修改为节点 *da* 的前继节点。最后，节点 *da* 被完全从 Chord 网络中隔离出来，其原前继节点的后继节点现在为其原后继节点，其原后继节点的前继节点现在为其原前继节点。之后，节点 *da* 的原前继节点将节点 *da* 的可获得性在监测令牌中设置为 LOGOUT。监测令牌的详细内容见本章的后续内容。

如前所述，当节点 *da* 的状态由正常变成较低时，仅有局部位置优化一项功能被终止。其余所有功能在正常状态、较低状态和警戒状态下均保持运行。全局位置优化在节点 *da* 进入严重状态后被终止。因此，上述功能调控算法对拓扑维护有很大帮助。详细的功能调控算法见算法 6.3。

算法 6.3：功能调控算法。

$FunctionTuning(da, e_\alpha, e_\beta, e_\gamma)$

if $E(da) > e_\alpha$ **then** $S=S_n$
else if $e_\beta < E(da) \leqslant e_\alpha$ **then** $S=S_l$
else if $e_\gamma < E(da) \leqslant e_\beta$ **then** $S=S_a$
else $E(da) \leqslant e_\gamma$ **then** $S=S_s$
end if
switch(S)
  case S_n : **break**
  case S_l : $da.function \leftarrow da.function \setminus \{\text{LLO}\}$
    break
  case S_a : $da.send(\text{ALERT}, da.predecessor)$

11： $da.send(\text{ALERT}, da.successor)$

12： **break**

13： **case** S_s ： $da.function \leftarrow \varnothing$

14： $da.transfer(\langle key, \text{URL}\rangle, da.successor)$

15： $da.send(\text{CHANGE\_SUCCESSOR}(da.successor), da.predecessor)$

16： $da.send(\text{CHANGE\_PREDECESSOR}(da.predecessor), da.successor)$

17： **break**

18： **end switch**

6.3.3 无目录的模式

在无目录的模式中，尽管全体 DA 节点都是静止的，它们依然保持构成一个 Chord 网络。移动自组织网络中其余的节点，即 UA 节点和 SA 节点都是移动的。尽管由全体 DA 节点构成的 Chord 网络依然存在，但是与其相关的拓扑控制和键的查找却不复存在。因此，无目录的模式要比基于目录的模式简单一些。对于 DA 节点和 SA 节点，与服务注册相关的操作和基于目录的模式相同，这是为了给模式切换做准备。基于目录的模式与无目录的模式之间的模式切换见本章的后续内容。在经典的无目录体系结构中，只存在 UA 节点和 SA 节点。因此，不存在与 DA 节点相关联的中继（Relaying）功能，服务发现仅基于 UA 节点发起服务查询和 SA 节点发起服务通告。在本章提出的模型中，DA 节点为服务查询、服务通告和服务应答提供中继功能。此外，由于 DA 节点拥有大量的服务信息，其可以基于自身知晓的服务信息对服务查询发起服务应答。这里，"自身知晓的服务信息"包含来自 SA 节点的服务注册及通过中继操作学习获得的服务信息。为了更好地研究服务发现的洪泛问题和性能提升问题，本章为无目录的模式设计了一个两跳区域机制（Two-hop Zone Scheme）。

1. 两跳区域机制

对于移动自组织网络中的节点 n_i，其两跳区域由两部分组成：一跳邻居（One-hop Neighbor）和两跳邻居（Two-hop Neighbor）。节点 n_i 的一跳邻居节点 n_o 是指距离节点 n_i 一跳距离的节点，尽管节点 n_i 和节点 n_o 之间可能存在若干条路径，它们之间最短的路径为一跳。节点 n_o 是节点 n_i 的一跳邻居的充分必要条件为它们可以直接进行通信。节点 n_i 的一跳邻居个数用 $d_{(i,1)}$ 来表示，并称其为节点 n_i 的度（Degree）。将节点 n_i 的一跳邻居表示为

$$N_{(i,1)} = \{n_{i1}, n_{i2}, \cdots, n_{id_{(i,1)}}\} \tag{6-2}$$

类似地，节点 n_i 的两跳节点 n_t 是指距离节点 n_i 两跳距离的节点，尽管节点 n_i 和节点 n_t 之间可能存在若干条路径，它们之间最短的路径为两跳。节点 n_t 是节点 n_i 的两跳邻居的充分必要条件为它们不可以直接进行通信，并且节点 n_t 是节点 n_i 的若干个（不小于 1）一跳邻居节点的一跳邻居节点。将节点 n_i 的两跳邻居个数用 $d_{(i,2)}$ 来表示，则节点 n_i 的

两跳邻居可以表示为

$$N_{(i,2)}=N_{(i1,1)}\cup N_{(i2,1)}\cup\cdots\cup N_{(id_{(i,1)},1)}\setminus N_{(i,1)} \tag{6-3}$$

根据两跳邻居的定义，可以通过如下方法来计算节点 n_i 的两跳邻居的个数

$$d_{(i,2)}=\left|\bigcup_{n_{ij}\in N_{(i,1)}} N_{(ij,1)}\setminus N_{(i,1)}\right|-1 \tag{6-4}$$

需要注意的是，节点 n_i 是其一跳邻居的一跳邻居，即

$$n_i\in\bigcup_{n_{ij}\in N_{(i,1)}} N_{(ij,1)}\setminus N_{(i,1)} \tag{6-5}$$

因此，计算 $d_{(i,2)}$ 时的减一操作是将节点 n_i 排除在外的。

对于 SA 节点 n_i 来说，将其发起服务通告的频率用 df_i 来表示。服务通告包含若干条服务记录，将服务通告中包含的服务记录用集合 $D(n_i)$ 来表示，且 $D(n_i)\geqslant 1$。在一个测量时间段内，节点 n_i 发起的每个服务通告平均包含 $\bar{d}_i$ 条服务记录，则 $\bar{d}_i\geqslant 1$。为了更好地阐述两跳区域机制，做出以下前提假设（Premise）：

假设 6.1： 令 $[t_a,t_b]$ 为一个测量时间段，且 $t_a<t_b$。假定该时间段足够长，以致足以观察节点 n_i 与其一跳邻居及两跳邻居的行为。此外，该时间段内所有节点的行为特征都被认为是保持不变的，如服务通告的频率、服务查询的频率、平均每个服务通告包含的服务记录条数等。

节点 n_i 从其全体一跳邻居接收服务通告，根据收到的服务通告中包含的服务信息，节点 n_i 对其本地数据库进行更新。由于不同的节点具有不同的服务通告频率，来自节点 n_i 一跳邻居的服务通告是异步到达节点 n_i 的。另外，节点的服务通告频率也有可能产生变化。因此，一跳节点的服务通告到达节点 n_i 的时间是随机的。为了简单起见，假定节点发起服务通告的频率在测量时间段 $[t_a,t_b]$ 内是保持不变的。本质上来说，这是由假设 6.1 给出的。

将节点 n_i 收到的所有服务通告中包含的服务记录的条数用 $sd_{(i,r)}$ 来表示，则

$$sd_{(i,r)}=\sum_{n_{ij}\in N_{(i,1)}}\bar{d}_{(ij)}\cdot\left\lfloor df_{(ij)}\cdot(t_b-t_a)\right\rfloor \tag{6-6}$$

对于节点 n_i 的一跳邻居 n_{ij} 来说，其发起的服务通告中包含的服务记录的条数是通过将平均每个服务通告中包含的服务记录条数与测量时间段内发起服务通告的次数相乘得到的。假设 6.1 确保了节点 n_i 的所有一跳邻居在测量时间段 $[t_a,t_b]$ 内都至少发起一次服务通告，因此，$df_{(ij)}\cdot(t_b-t_a)$ 的结果不小于 1。对于发起服务通告的次数，如果该值不是整数，那么进行向下截断操作，即取小于 $df_{(ij)}\cdot(t_b-t_a)$ 的最大整数。如果节点 n_i 是 UA 节点或 DA 节点，其将收到的服务通告对全体一跳邻居进行转发。当节点 n_i 是 SA 节点时，除了转发收到的服务通告，其自身还发起服务通告。将节点 n_i 发送的服务记录的条数用 $sd_{(i,s)}$ 来表示，其由节点 n_i 发起的服务通告包含的服务记录条数和 n_i 转发的所有服务通告包含的服务记录系数两部分构成，表示如下：

$$sd_{(i,s)} = sd_{(i)} + sd_{(i,f)} \tag{6-7}$$

节点 n_i 向其所有的一跳邻居发起服务通告，且频率为 df_i。将由节点 n_i 发起的服务通告包含的服务记录条数用 $sd_{(i)}$ 来表示，则

$$sd_{(i)}=\overline{d}_i \cdot \lfloor df_i \cdot (t_b - t_a) \rfloor \tag{6-8}$$

节点 n_i 发起的服务通告所包含的服务记录条数是通过将平均每个服务通告中包含的服务记录条数与测量时间段内发起服务通告的次数相乘得到的。假设 6.1 确保了节点 n_i 在测量时间段 $[t_a,t_b]$ 内至少发起一次服务通告，因此，$df_i \cdot (t_b - t_a)$ 的结果不小于 1。对于发起服务通告的次数，如果该值不是整数，那么进行向下截断操作，即取小于 $df_i \cdot (t_b - t_a)$ 的最大整数。

节点 n_i 转发从其他节点处收到的服务通告。将节点 n_i 转发的所有服务通告包含的服务记录条数用 $sd_{(i,f)}$ 来表示。在节点 n_i 收到的服务通告中，生存时间值大于 0 的应当被转发。两跳区域机制规定服务通告的初始生存时间值为 2，那么节点 n_i 收到的服务通告的生存时间值为 1 或 0。因此，由节点 n_i 发起的原始服务通告的覆盖范围为节点 n_i 的一跳邻居和两跳邻居。换言之，原始服务通告的传播范围被限制在发起该服务通告的节点的两跳区域内。这个特性能够缓解洪泛效应并减小整个网络所承受的消息开销。假设节点 n_i 收到的服务通告的生存时间值（TTL）服从泊松分布（Poisson Distribution）：

$$P\{\text{TTL}=k\} = \frac{\lambda_d{}^k \cdot \mathrm{e}^{-\lambda_d}}{k!}, \lambda_d > 0, k = 0,1 \tag{6-9}$$

节点 n_i 本应将收到的服务通告向其所有一跳邻居转发。但是，由节点 n_i 的一跳邻居 n_{ij} 发送给节点 n_i 的服务通告不应当由节点 n_i 转发回节点 n_{ij}。尽管服务通告所对应的一跳邻居各有不同，但可以使用通用节点 n_{iy} 来指代。由节点 n_i 转发的服务通告个数为

$$\lambda_d \cdot \mathrm{e}^{-\lambda_d} \cdot \sum_{n_{ij} \in N_{(i,1)}} \left(\lfloor df_{(ij)} \cdot (t_b - t_a) \rfloor \cdot (d_{(i,1)} - 1) \right) \tag{6-10}$$

通用节点 n_{iy} 由减一操作排除在外。那么，由节点 n_i 转发的服务通告中包含的服务记录条数为

$$sd_{(i,f)}=\lambda_d \cdot \mathrm{e}^{-\lambda_d} \cdot \sum_{n_{ij} \in N_{(i,1)}} (\overline{d}_{(ij)} \cdot \lfloor df_{(ij)} \cdot (t_b - t_a) \rfloor \cdot (d_{(i,1)} - 1)) \tag{6-11}$$

结合式（6-6）和式（6-11），由节点 n_i 转发的服务通告中包含的服务记录条数为

$$sd_{(i,f)}=\lambda_d \cdot \mathrm{e}^{-\lambda_d} \cdot (d_{(i,1)} - 1) \cdot sd_{(i,r)} \tag{6-12}$$

那么，式（6-7）可被重写为

$$sd_{(i,s)}=\overline{d}_i \cdot \lfloor df_i \cdot (t_b - t_a) \rfloor + \lambda_d \cdot \mathrm{e}^{-\lambda_d} \cdot (d_{(i,1)} - 1) \cdot sd_{(i,r)} \tag{6-13}$$

也就是说，节点 n_i 的每个一跳邻居都收到从节点 n_i 处发来的 $sd_{(i,s)}$ 条服务记录。

当节点 n_i 收到服务查询后，其检查本地数据库确定该查询是否能够被应答。如果能够应答，就没有必要将该服务查询再发送出去。如果不能应答，节点 n_i 将该服务查询发给自身的所有一跳邻居。节点 n_i 的每个一跳邻居都会收到该服务查询的一个复制品。当

服务查询在网络中传送时，所经过的中间节点会被依次记录在一个传送路径（Travel Path）中。服务查询中的这个路径信息为后续服务应答的传输起到重要作用。将节点 n_i 发送的服务查询个数用 $ss_{(i,s)}$ 来表示，其由节点 n_i 发起的服务请求个数和节点 n_i 需要转发的服务查询个数两部分构成，表示如下：

$$ss_{(i,s)}=ss_{(i)}+ss_{(i,f)} \tag{6-14}$$

假设节点 n_i 向其一跳邻居发起服务查询的频率为 sf_i，其发起的每个服务查询中平均包含的服务请求个数为 $\overline{s_i}$，那么节点 n_i 发起的服务请求的个数 $ss_{(i)}$ 为

$$ss_{(i)}=\overline{s}_i\cdot\lfloor sf_i\cdot(t_b-t_a)\rfloor \tag{6-15}$$

两跳区域机制规定每个服务查询中包含且仅包含一个服务请求。因此，$\overline{s_i}$ 的值恒等于 1。在本章余下的内容中，对服务请求和服务查询不做区分。

对于其他节点发来的服务查询，节点 n_i 检查本地数据库确定该查询是否能够被应答。如果能够应答，那么节点 n_i 发起一个服务应答，该服务应答的目的地节点是最初发起该服务查询的节点。无法由节点 n_i 应答的服务查询将根据它们的生存时间值进行处理。如果服务查询的生存时间值为 0，那么节点 n_i 直接将其丢弃，不进行转发。对于生存时间值大于 0 的服务查询，节点 n_i 才进行转发。两跳区域机制规定服务查询的初始生存时间值为 4。因此，节点 n_i 收到的服务查询的生存时间值属于集合 $\{3,2,1,0\}$。同时，由节点 n_i 发起的原始服务查询的覆盖范围为两个两跳区域。换言之，原始服务查询的传播范围被限制在发起该服务查询的节点的两个两跳区域内。与服务通告类似，服务查询初始生存时间值的上限是为了缓解洪泛效应并减小整个网络所承受的消息开销。假设节点 n_i 收到的服务查询的生存时间值服从泊松分布：

$$P\{\mathrm{TTL}=k\}=\frac{\lambda_s{}^k\mathrm{e}^{-\lambda_s}}{k!},\lambda_s>0,k=0,1,2,3 \tag{6-16}$$

节点 n_i 收到的服务查询都看作是来自其一跳邻居，并将节点 n_i 收到的服务查询的个数用 $ss_{(i,r)}$ 来表示，则

$$ss_{(i,r)}=\sum_{n_{ij}\in N_{(i,1)}}\overline{s}_{(ij)}\cdot\lfloor sf_{(ij)}\cdot(t_b-t_a)\rfloor \tag{6-17}$$

假定节点 n_i 能够应答的服务查询占其所收到的服务查询的百分比为 a_i。与服务通告类似，由节点 n_i 的一跳邻居 n_{ij} 发送给节点 n_i 的服务查询不应当由节点 n_i 转发回节点 n_{ij}。因此，节点 n_i 需要转发的服务查询的个数 $ss_{(i,f)}$ 为

$$ss_{(i,f)}=\left(\frac{\lambda_s\mathrm{e}^{-\lambda_s}}{1!}+\frac{\lambda_s{}^2\mathrm{e}^{-\lambda_s}}{2!}+\frac{\lambda_s{}^3\mathrm{e}^{-\lambda_s}}{3!}\right)\cdot(d_{(i,1)}-1)\cdot(1-a_i)\cdot ss_{(i,r)} \tag{6-18}$$

那么，式（6-14）可以被重写为

$$ss_{(i,s)}=\overline{s}_i\lfloor sf_i\cdot(t_b-t_a)\rfloor+\left(\frac{\lambda_s\mathrm{e}^{-\lambda_s}}{1!}+\frac{\lambda_s{}^2\mathrm{e}^{-\lambda_s}}{2!}+\frac{\lambda_s{}^3\mathrm{e}^{-\lambda_s}}{3!}\right)\cdot(d_{(i,1)}-1)\cdot(1-a_i)\cdot ss_{(i,r)} \tag{6-19}$$

与服务通告和服务查询相比，服务应答的个数本身比较少。通常来说，服务应答的出现是不可预知的，也是不定期的。因此，对服务应答的发送频率进行限制实际上是没有意义的。更重要的是，出于提升服务发现性能的考虑，对服务应答的初始生存时间值不设置上限。服务应答在网络中的传送基于包含在对应服务查询中的路径信息。目的地节点为节点 n_i 的服务应答对应于由节点 n_i 发起的服务查询。将节点 n_i 发送的服务应答用 $sr_{(i,s)}$ 来表示，其由两部分构成，表示如下：

$$sr_{(i,s)} = sr_{(i)} + sr_{(i,f)} \tag{6-20}$$

其中，$sr_{(i)}$ 为节点 n_i 自身进行应答的服务查询所对应的服务应答的个数；$sr_{(i,f)}$ 为节点 n_i 实际转发的服务应答个数。如前所述，节点 n_i 能够应答的服务查询占其所收到的服务查询的百分比为 a_i，则 $sr_{(i)}$ 为

$$sr_{(i)}=a_i \cdot ss_{(i,r)} \tag{6-21}$$

除了发送自身发起的服务应答，节点 n_i 还对目的地为其他节点的服务应答进行转发。在节点 n_i 收到的服务应答当中，目的地节点为节点 n_i 的不会被转发。对于目的地为其他节点的，节点 n_i 会尝试根据服务应答中包含的路径信息将该服务应答转发给路径信息中的下一跳节点。特别地，如果该下一跳节点不可达（Unreachable），那么节点 n_i 将丢弃该服务应答，不可达的原因可能是该节点失效或不在通信范围之内。将节点 n_i 收到的服务应答的个数用 $sr_{(i,r)}$ 来表示，假定这些服务应答中目的地为节点 n_i 的所占的百分比为 b_i。对于应当由节点 n_i 进行转发的服务应答，假定无法被转发给下一跳节点的所占的百分比为 f_i。节点 n_i 实际转发的服务应答的个数表示为

$$sr_{(i,f)}=(1-b_i)\cdot(1-f_i)\cdot sr_{(i,r)} \tag{6-22}$$

结合式（6-20）、式（6-21）和式（6-22），节点 n_i 发送的服务应答个数可以被重写为

$$sr_{(i,s)}=a_i \cdot s_{(i,r)} + (1-b_i)\cdot(1-f_i)\cdot sr_{(i,r)} \tag{6-23}$$

2. 连通水平（Level of Connectivity）

下面基于两跳区域机制提出计算整个网络的连通水平的方法。首先在两跳区域机制下描述网络中任意两个节点的连通水平。对于任意节点 n_i 和 n_j，它们之间的关系用 $f_k(n_i,n_j)$ 来表示，其中 k 表示两个节点之间最短路径的跳数。如图 6.6 所示，节点 n_i 和 n_j 之间的最短路径被分为五种情况，中间节点用 n_{mi} 来表示。

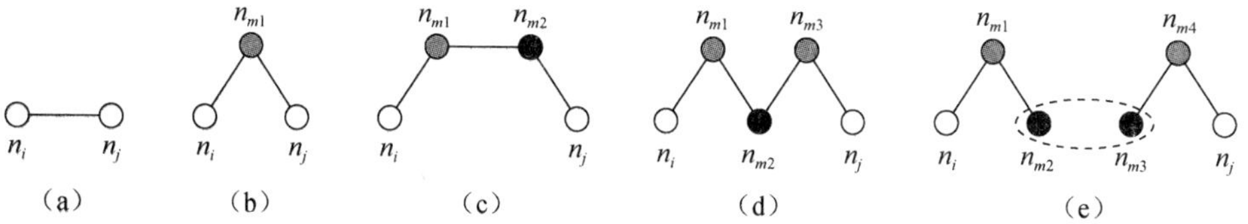

图 6.6 两跳区域机制下的节点关系

图 6.6（a）中，节点 n_i 和 n_j 能够直接通信，它们之间的跳数为 1，则有

$$f_1(n_i,n_j) \sim (n_i \in N_{(j,1)}),(n_j \in N_{(i,1)}) \tag{6-24}$$

图 6.6（b）中，节点 n_i 和 n_j 拥有共同的一跳邻居 n_{m1}，它们之间的跳数为 2，则有

$$f_2(n_i,n_j) \sim (n_i \in N_{(j,2)}),(n_j \in N_{(i,2)}),(n_{m1} \in N_{(i,1)} \cap N_{(j,1)}) \tag{6-25}$$

图 6.6（c）中，节点 n_i 和 n_j 之间有两个中间节点 n_{m1} 和 n_{m2}，它们之间的跳数为 3，则有

$$f_3(n_i,n_j) \sim (n_{m1} \in N_{(i,1)}),(n_{m2} \in N_{(i,2)}),(n_{m1} \in N_{(j,2)}),(n_{m2} \in N_{(j,1)}) \tag{6-26}$$

图 6.6（d）中，节点 n_i 和 n_j 之间有三个中间节点 n_{m1}、n_{m2} 和 n_{m3}，它们拥有共同的两跳邻居节点 n_{m2}，它们之间的跳数为 4，则有

$$f_4(n_i,n_j) \sim (n_{m1} \in N_{(i,1)}),(n_{m2} \in N_{(i,2)} \cap N_{(j,2)}),(n_{m3} \in N_{(j,1)}),(n_{m2} \in N_{(m1,1)} \cap N_{(m3,1)}) \tag{6-27}$$

图 6.6（e）中，节点 n_i 和节点 n_j 分别拥有一个两跳邻居节点 n_{m2} 和 n_{m3}，它们之间的跳数大于 4。图中的虚线椭圆表示节点 n_{m2} 与 n_{m3} 之间的关系与节点 n_i 和 n_j 的类似。此时，节点 n_i 和 n_j 之间的关系用递归的形式来表示：

$$f_{>4}(n_i,n_j) \sim (n_{m1} \in N_{(i,1)}),(n_{m2} \in N_{(i,2)}),(n_{m3} \in N_{(j,2)}),(n_{m4} \in N_{(j,1)}),f_{k-4}(n_{m2},n_{m3}) \tag{6-28}$$

节点 n_i 和 n_j 之间更复杂的关系可以被分解，并通过图 6.6 中的五种情况进行建模。将节点 n_i 和 n_j 之间的连通水平用 $d(n_i,n_j)$ 来表示，则有

$$d(n_i,n_j) = \begin{cases} 0, & k=0 \\ \dfrac{1}{k}, & k=1,2,3,4 \\ \dfrac{1}{4+1/d(n_i'', n_j'')}, & k>4 \end{cases} \tag{6-29}$$

当 k=0 时，表示节点 n_i 和 n_j 之间不存在路径，令 $d(n_i, n_j)$=0。当 $k \geqslant 0$ 时，两个节点之间的连通水平随着它们之间跳数的增加而单调减小。对于 k=1,2,3,4，$d(n_i, n_j)$ 的值用 k 的倒数来表示。当 $k>4$ 时，$d(n_i, n_j)$ 的值无法在节点 n_i 和 n_j 的两跳区域内完成，$d(n_i, n_j)$ 的值需要递归地确定。由于节点的两跳区域的覆盖范围为两跳，那么 k 的值每次超过 4 的倍数时，就需要对连通水平进行一次递归计算。递归的次数 R 可以表示为 $R=\lfloor (k-1)/4 \rfloor$。

当 $k \geqslant 4$ 时，不妨令节点 n_i'' 和 n_j'' 分别为节点 n_i 和 n_j 位于它们之间最短路径上的两跳邻居，那么节点 n_i 和节点 n_j 的连通水平为

$$d(n_i,n_j) = \frac{1}{4+1/d(n_{m2},n_{m3})} \tag{6-30}$$

假设节点 n_i 能够通信的节点用集合 $N_c=\{n_1,n_2,\cdots,n_c\}$ 来表示，那么，将节点 n_i 的连通水平定义为

$$d(n_i)=\sum_{j=1}^{c}d(n_i,n_j) \tag{6-31}$$

对于包含有 N 个节点的网络来说，总共存在 $C_N^2=N(N-1)/2$ 个不同的配对。将网络的连通水平定义为

$$d(N)=\sum_{\forall n_i\in N,\forall n_j\in N}d(n_i,n_j),\ n_i\neq n_j \tag{6-32}$$

从理论上说，只要网络中不存在孤岛（Isolated Part），无论 N 是什么数量级的，只要 R 的值最够大，总能够使得任意两个节点之间都存在一条路径。随着 R 值的增加，$d(N)$ 保持增大，直到 $R=\hat{l}$ 时达到拐点 $(\hat{l},\hat{d})$。这里，$\hat{d}$ 是 $d(N)$ 的最大值。当 $R\geqslant\hat{l}$ 时，有 $d(N)\equiv\hat{d}$。将 $\hat{l}$ 定义为网络的收敛程度（Degree of Convergence）。$\hat{l}$ 的值越小，网络的收敛程度越高。

6.3.4 自主的模式切换

为了使得由全体 DA 节点构成的 Chord 网络中的信息更新（Information Updating）和网络状态收集（Network Status Gathering）能够便捷、高效地进行，引入监测令牌（Monitoring Token）的概念。

监测令牌按照 Chord 环的逻辑结构在 Chord 网络中保持顺时针传送。基于目录的模式和无目录的模式之间自主的模式切换是基于网络状态收集的。将“一圈”定义为监测令牌的传送经过了所有 DA 节点一次。服务发现体系结构的当前模式由模式标志（Flag）变量 MODE 来表示，其取值为 DA-BASED 或 DA-LESS。监测令牌包含两个列表：SA 列表 *sal* 和 DA 列表 *dal*。监测令牌的结构见图 6.7。

Monitoring Token

MODE
DA-BAED/DA-LESS

SA list	
ID	Availability
SA_1	Y
SA_2	LOGOUT
…	…

DA list		
ID	Status	Availability
DA_1	+	Y
DA_2		Y
DA_3	++	Y
DA_4		LOGOUT
DA_5	+	LOGOUT
…	…	…

图 6.7 监测令牌的结构

尽管统一的服务信息管理机制规定网络中的所有节点都知晓服务的属性和可能的属性值，但是 DA 节点在最初并不知晓任何 SA 节点。因此，使用监测令牌来执行与 SA 节点相关的信息更新。

一般来说，一个新的 SA 节点的出现伴随着由该 SA 节点发起的服务注册。对于收

到服务注册的 DA 节点来说,其根据服务注册中包含的服务信息对本地数据库进行更新。当监测令牌到达该 DA 节点时, DA 节点检查监测令牌中的 SA 节点列表中是否包含发起该服务注册的 SA 节点。如果该 SA 节点已经存在, 那么 DA 节点不做任何操作。如果该 SA 节点不存在, DA 节点将该 SA 节点添加进监测令牌的 SA 节点列表中。与此同时, DA 节点检查监测令牌的 SA 节点列表中是否有自身未知的 SA 节点,如果有, 则对本地数据库进行更新。换言之, 当监测令牌到达 DA 节点时, DA 节点针对 SA 节点的信息进行双向更新(Two-way Update)。当现有的 SA 节点想要离开网络时, 该 SA 节点向其通信范围内的任意一个 DA 节点发送退出(Logout)消息, 收到退出消息的 DA 节点在本地数据库中移除与该 SA 节点相关的所有服务信息。当监测令牌到达该 DA 节点时, 其在监测令牌的 SA 节点列表中将该 SA 节点标示一个退出标志(Logout Flag)。在监测令牌的传送过程中, 其他 DA 节点通过双向更新过程得知该 SA 节点即将退出网络, 则在本地数据库中移除与之相关的服务信息。当监测令牌下一次到达对该 SA 节点标示退出标志的 DA 节点时,该DA 节点向该 SA 节点发起退出确认(Logout Acknowledgment)消息。只要该 SA 节点收到退出确认消息后, 它就可以自由地离开网络, 不需要再做退出操作。

尽管在无目录模式下, Chord 网络中不存在拓扑控制和键的查找, 但是监测令牌的传送依然保持运转。因此, 双向更新、服务注册、SA 节点退出等也正常进行。详细的信息更新算法见算法 6.4。

算法 6.4: 信息更新算法。

InformationUpdating(*da*, SReg[*n*], *token*, SA.*logout*[*m*], *round*(0))

1:　　**for** each SA ∈ *token.sal*
2:　　　**if** SA ∉ *da.sal* && SA.*availability* ≠ LOGOUT **then**
3:　　　　*da.sal* ← *da.sal* ∩ {SA}
4:　　　**end if**
5:　　　**if** SA ∈ *da.sal* && SA.*availability*==LOGOUT **then**
6:　　　　*da.sal* ← *da.sal* \ {SA}
7:　　　　*da.database* ← *da.database* \ {records of SA}
8:　　　**end if**
9:　　**end for**
10:　**for** *i* ← 1 **to** *n*
11:　　**if** SReg[*i*].SA ∉ *da.sal* **then**
12:　　　*da.sal* ← *da.sal* ∩ {SReg[*i*].SA}
13:　　**end if**
14:　　**if** SReg[*i*].SA ∉ *token.sal* **then**
15:　　　*token.sal* ← *token.sal* ∩ {SReg[*i*].SA}
16:　　**end if**
17:　**end for**

```
for j ← 1 to m
   if t==round(0) then
      da.sal ← da.sal \ {SA.logout[j]}
      da.database ← da.database \ {records of SA.logout[j]}
      da.set(token.sal.entry[SA.logout[j]].availability, LOGOUT)
   else if t==round(1) then
         da.send(LOGOUT_ACK, SA.logout[j])
      end if
   end if
end for
```

除了信息更新以外，监测令牌还具有另一个重要功能：网络状态收集。Chord 网络中的 DA 节点对其邻近的局部网络状态进行感知，监测令牌收集所有 DA 节点的局部网络状态，进而展示出整个网络状态的概貌。

基于目录的模式和无目录的模式之间自主的模式切换正是基于整个网络状态的概貌。假设服务发现的体系结构在无目录模式下，如果服务查询的频率降低，那么服务通告的频率也应该相应地进行降低。然而，如果服务查询的频率持续并且显著地降低，那么就有必要将模式切换为基于目录的模式。现在，假设服务发现的体系结构在基于目录的模式下，如果服务查询的频率增加，那么服务通告的频率也应该相应地增加。然而，如果服务查询的频率持续并且显著地增加，那么就有必要将模式切换为无目录的模式。

具体来说，当监测令牌到达 DA 节点时，如果 DA 节点在其局部所感知到的服务查询频率不小于一个阈值 qf_0，则该 DA 节点就在监测令牌的 DA 节点列表中它的表项中添加一个加号。如果 DA 节点在其局部所感知到的服务查询频率小于阈值 qf_0，则该 DA 节点检查监测令牌的 DA 节点列表中它的表项中是否存在加号。如果存在加号，那么该 DA 节点就移除一个加号。假设服务发现的体系结构在基于目录的模式下，当某个 DA 节点持续若干圈都添加加号时，则表示发生了局部过载（Local Overload）。如果相当数量的 DA 节点都遇到了局部过载现象，那么应当将模式切换为无目录的模式。当遇到局部过载现象的 DA 节点的个数较小时，应当继续使用基于目录的模式。将表示发生局部过载的加号个数用 *lo* 来表示。当发生局部过载的 DA 节点占所有 DA 节点的百分比不小于某个数值时，则表示发生了全局过载（Global Overload），将该数值用 *go* 来表示。假设服务发现的体系结构在基于目录的模式下，当监测令牌到达 DA 节点时，该 DA 节点首先更新监测令牌的 DA 节点列表中自身表项中的加号个数，然后其检查所有 DA 节点的表项。如果发生局部过载的 DA 节点比例不小于 *go* 时，该 DA 节点将监测令牌中的模式标志变量 MODE 的值由 DA-BASED 修改为 DA-LESS。随着监测令牌的传送，其他 DA 节点会相应的切换自身的工作模式。类似地，如果服务发现的体系结构在无目录的模式下，当发生局部过载的 DA 节点的比例小于 *go* 时，服务发现的体系结构会由无目录的模式切换至基于目录的模式。详细的自主模式切换算法见算法 6.5。

算法 6.5：自主模式切换算法。

$AutonomicModeSwitch(da[n], qf_0, lo, go, token)$

1: **if** $da[i].qf\_perceived \geqslant qf_0$ **then**

2:    $token.dal.entry[i].status \leftarrow token.dal.entry[i].status + '+'$

3: **else if** $token.dal.entry[i].status \neq \varnothing$ **then**

4:        $token.dal.entry[i].status \leftarrow token.dal.entry[i].status - '+'$

5:    **end if**

6: **end if**

7: $nlo \leftarrow 0$

8: **for** $k \leftarrow 1$ **to** n

9:    **if** $|token.dal.entry[k].status| \geqslant lo$ **then**

10:        $nlo \leftarrow nlo + 1$

11:    **end if**

12: **end for**

13: **if** $token.\text{MODE} == \text{DA-BASED}$ **then**

14:    **if** $nlo / n \geqslant go$ **then**

15:        $da[i].set(token.\text{MODE}, \text{DA-LESS})$

16:    **end if**

17: **else**

18:    **if** $nlo / n < go$ **then**

19:        $da[i].set(token.\text{MODE}, \text{DA-BASED})$

20:    **end if**

21: **end if**

6.4   实验与分析

6.4.1   实验环境与参数

基于 NS-2[152]开发了移动自组织网络系统来评估本章提出的模型，具体的软硬件环境见表 5.3。DA 节点的个数为 32，由全体 DA 节点构成的 Chord 网络的标识符空间为 $2^m = 2^{16}$。SA 节点和 UA 节点的个数分别为 25 和 200。用来对服务进行描述的完全描述的个数应当满足 $\prod_{i=1}^{np} |p_i| \leqslant 2^{16}$。文献[192]和文献[232]使用了文献[158]中介绍的数据集来进行实验。该数据集包含互联网上的 2507 个真实的网络服务。基于该数据集，生成了 8000 条不同的服务信息。用来计算 DA 节点和服务的键的一致性哈希函数是基于

SHA-1 的。上述 8000 个服务的信息与对应的键根据 Chord 协议映射至 32 个 DA 节点。全体 DA 节点的 ID 和每个节点所负责的服务记录条数见表 6.3。

表 6.3 节点信息

节点	1	2	3	4	5	6	7	8
ID	1456	2383	2461	6511	7002	7560	11438	12704
服务记录个数	562	124	4	514	55	73	468	153
节点	9	10	11	12	13	14	15	16
ID	13087	15018	15408	20197	24126	24700	33059	33837
服务记录个数	41	241	34	611	456	71	991	93
节点	17	18	19	20	21	22	23	24
ID	37271	38208	39176	40539	42247	43982	46340	47226
服务记录个数	430	104	135	174	212	221	278	102
节点	25	26	27	28	29	30	31	32
ID	47396	49090	49122	52350	53654	55839	59680	62300
服务记录个数	15	218	3	423	126	248	485	335

对于 Chord 环上的 DA 节点 *da* 和它的前继节点 *da.predecessor*，如果节点 *da* 和节点 *da.predecessor* 的 ID 分别为全体 DA 节点中最小的和最大的，那么节点 *da* 和节点 *da.predecessor* 之间在 Chord 环上的距离为

$$dis(da,da.predecessor)=2^m-da.predecessor.ID+da.ID \tag{6-33}$$

除了上述情况之外，节点 *da* 和节点 *da.predecessor* 之间在 Chord 环上的距离为

$$dis(da,da.predecessor)=da.ID-da.predecessor.ID \tag{6-34}$$

这里引入责任比率（Responsibility Ratio）的概念。节点 *da* 的责任比率 *da.RR* 是指节点 *da* 所负责的服务记录个数与节点 *da* 和它的前继节点的距离之比，即

$$da.RR=\frac{|da.records|}{dis(da,da.predecessor)} \tag{6-35}$$

如图 6.8 所示，32 个 DA 节点的责任比率由叉号标出，它们的线性回归方程由直线画出。除了节点 3，其余 DA 节点的责任比率数值属于区间[0.08,0.14]。节点 3 的责任比率接近 0.05。对于节点 2 和节点 3，它们的 ID 分别为 2383 和 2461。由于节点 3 太过靠近它的前继节点 2，因此节点 3 所负责服务记录的个数很少。由于责任比率是通过比值来度量的，因此节点 27 的责任比率大于节点 3 的责任比率也是合理的。

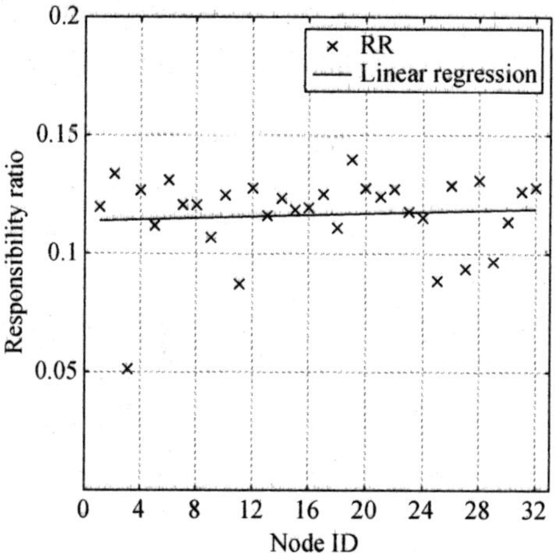

图 6.8　节点的责任比率

6.4.2　性能指标

尽管存在多种评估服务发现体系结构有效性的性能指标，本章选取三个基本指标：可获得性、消息开销和延迟。

（1）可获得性

文献[81]将可获得性考虑为服务是否可以被获得的概率，它的值是服务对用户请求进行响应的次数与用户总请求次数的比值。该定义侧重于评估已知服务的用户体验。然而，在本章的模型中，可获得性重在评估服务发现的性能。因此，应当从另一角度来对服务可获得性进行定义。具体来说，引入单个节点的可获得性和整个网络的可获得性。由于服务查询和服务应答在网络中的三类节点（UA 节点、SA 节点和 DA 节点）上都有传输，将单个节点的可获得性定义为传入的服务应答的总个数与传出的服务查询的总个数的比值。节点 n_i 的可获得性 sa_i 定义为

$$sa_i = \frac{sr_{(i,r)}}{ss_{(i,s)}} \tag{6-36}$$

那么，整个网络的可获得性 sa_N 定义为

$$sa_N = \frac{\sum_{i=1}^{N} sa_i}{N} \tag{6-37}$$

（2）消息开销

消息开销的概念主要涉及两类消息：服务查询和服务应答。本章的模型为了提升服务发现的性能，对上述两类消息均进行了一定程度的复制和转发。具体来说，为了能够到达更多的节点，服务查询被复制若干份。而服务应答的复制却是另一种方式，由于存在服务查询的多个复制品，因此有可能出现来自不同节点的多个服务应答。由于服务应答是为了对接收到的服务查询进行响应而产生的，正常的服务应答不应该被看作是消息开销。因此，消息开销应当由被冗余复制的那部分服务查询来量度。将由节点 n_i 发起的

服务查询个数用 $ss_{(i)}$ 来表示，节点 n_i 接收到的服务应答个数用 $sr_{(i,r)}$ 来表示，且其中目的地节点为节点 n_i 的所占比例为 b_i。将 $ss_{(i)}$ 个服务查询的复制品的个数用来 $dup(ss_{(i)})$ 表示，节点 n_i 的消息开销 mo_i 定义为

$$mo_i = \frac{dup(ss_{(i)})}{b_i \cdot sr_{(i,r)}} \tag{6-38}$$

那么，整个网络的服务开销定义为

$$mo_N = \frac{\sum_{i=1}^{N} mo_i}{N} \tag{6-39}$$

（3）延迟

延迟是影响用户体验的重要因素。在实际中，绝大多数用户都十分注重服务的延迟。在本章的模型中，UA 节点所感知到的延迟由两部分构成：处理时间和传输时间。由于本章不关注处理时间和传输时间之间的关系，因此按照总的延迟统一进行计算。尽管由节点 n_i 发起的服务查询的个数为 $ss_{(i)}$，但是它们中的一部分可能最终无法得到服务应答。将最终获得服务应答（或若干个服务应答）的服务查询所占的比例用 r_i 来表示，且 $0 < r_i \leqslant 1$。对于获得服务应答的服务查询来说，其至少获得了一个服务应答，则与该服务查询相关的延迟是指节点 n_i 发出该服务查询到节点 n_i 接收到第一个与之对应的服务应答所需的时间，将这个时间段用 t 来表示。节点 n_i 的延迟定义为

$$delay_i = \frac{\sum_{j=1}^{r_i \cdot ss_{(i)}} t_j}{r_i \cdot ss_{(i)}} \tag{6-40}$$

那么，整个网络的延迟定义为

$$delay_N = \frac{\sum_{i=1}^{N} delay_i}{N} \tag{6-41}$$

6.4.3 实验结果与分析

基于目录的模式的两个重要特点是能量节约和功能调控，这两个特点都关注于延长由 DA 节点组成的 Chord 网络的生命期，进而延长移动自组织网络中服务发现体系结构的生命期。

在实际当中，某些具体应用可能要求所有 DA 节点都是正常运行的，此时网络的生命期是指网络开始运行后到第一个节点因能量耗尽而失效的时间。然而在绝大多数的应用中，网络的生命期是指从网络开始运行后到网络中的若干个节点因能量耗尽而失效的时间。研究者们针对能量节约问题提出了一些拓扑管理机制[233-235]，但是这些机制的一个共同特点是都假定了节点是高密度的。将本章提出的模型与 Pan 等人在文献[235]中提出的模型进行对比实验，图 6.9 中的实验结果显示本章的模型在性能上略占优势。

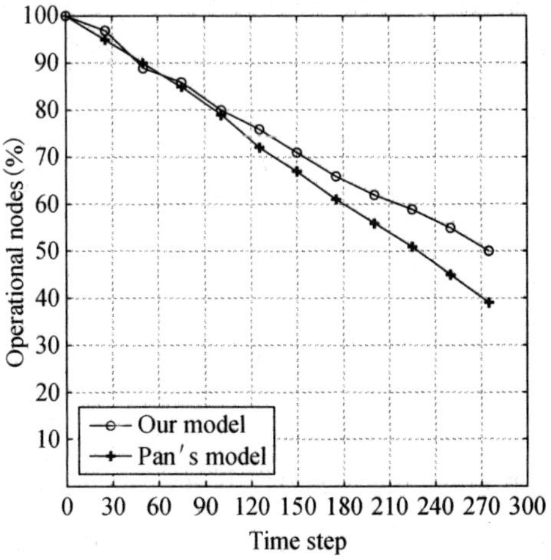

图 6.9　正常运行的节点比例

图 6.9 中，两种模型中正常运行的节点（Operational Nodes）的比例均随着时间的增加而减少。实验中假定当失效的节点个数占到总节点个数的 50%时，就认为网络的生命期终结。需要注意的是该百分比仅在将本章的模型与 Pan 等人的模型做对比时使用。事实上，即使由 DA 节点组成的 Chord 网络中只剩下少数节点时，本章的模型依然能够保持正常运行。对于本章的模型，正常运行的节点的百分比在 $t=275$ 附近下降到低于 50%。当 $t\in[0,100]$ 时，Pan 等人的模型和本章的模型在性能上近似。当 $t>100$ 时，与本章的模型相比，Pan 等人的模型中正常运行的节点的百分比下降较快。在 $t=225$ 附近，Pan 等人的模型中正常运行的节点的百分比下降到低于 50%。

现在，单独考虑本章的模型。首先研究基于目录的模式，当服务查询的频率 $sf_i=0.006,0.008,0.01$ 时，网络的可获得性和延迟分别见图 6.10 和图 6.11。

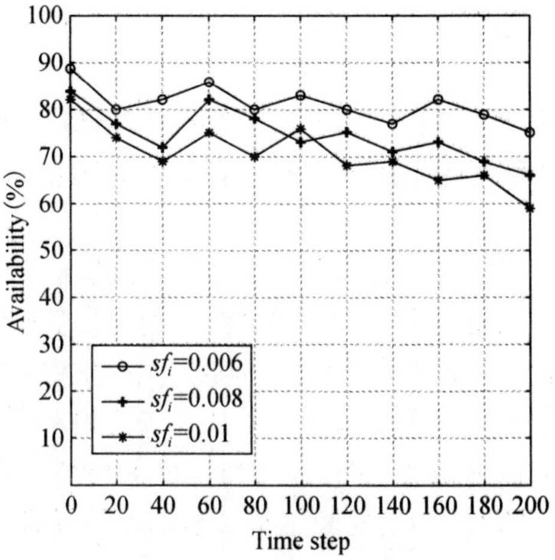

图 6.10　网络的可获得性

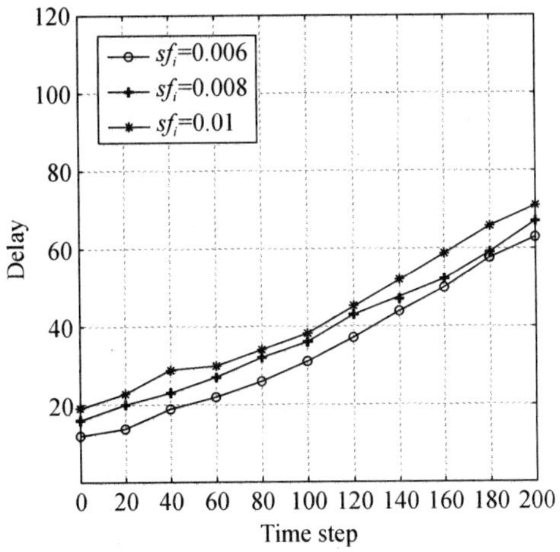

图 6.11 网络的延迟

图6.10中，当服务查询的频率 sf_i=0.006,0.008,0.01时，网络的可获得性在60%～90%之间波动。在本章的模型中，对于即将离开网络的DA节点，该DA节点所负责的服务信息将被转移到其后继节点上。因此，正常运行的节点个数减少会对网络的服务可获得性产生轻微的影响。此外，需要注意的是，由于服务查询所查询的服务信息是根据UA节点和DA节点的期望产生的，尽管由DA节点组成的Chord网络能够保证对键的正常查找，但是存在某些服务查询最后无法得到实际查询结果的可能性。这就是网络的可获得性即使在实验开始的初期也低于100%的原因。由于较高频率的服务查询比较低频率的服务查询带给DA节点的负担要更重，那么出现失效节点的时间就会更早，且随着时间的推移，失效的节点也会更多。三条曲线之间可获得性的差异正是由即将失效的节点导致的，这些节点碰巧错过了需要发起服务应答的时机。综上所述，网络的可获得性的性能排序为 $sf_i=0.006 > sf_i=0.008 > sf_i=0.01$。

图6.11中，当服务查询的频率 sf_i=0.006,0.008,0.01时，网络的延迟随着时间的增加而增大。由于正常运行的节点个数随着时间的增加而减少，那么每个DA节点所面临的工作量也随着时间的增加而增加。因此，服务查询可能会经历更长的处理时间。尽管DA节点的个数减少了，但是传输时间的减少比不上处理时间的增加。因此，总的延迟不可避免地增加。此外，较高频率的服务查询与较低频率的服务查询相比会导致较多的积压。综上所述，网络的延迟的性能排序为 $sf_i=0.006 > sf_i=0.008 > sf_i=0.01$。

对于无目录的模式，令 $b_i=0.1$，$f_i=0.15$，即节点 n_i 收到的服务应答中目的地节点为 n_i 的有10%。在应当由节点 n_i 转发的服务应答中有15%无法被转发至下一跳节点。此外，发生局部过载的加号个数 $lo=4$，标志两个模式间进行切换的发生局部过载的DA节点的比例为 $go=0.75$。由于只要 R 的值足够大，总能够使得任意两个节点之间都存在一条路径。因此，将 k 的最大值定义为10。当 k=10时，递归次数 $R=\lfloor (k-1)/4 \rfloor=2$。为了对本章的模型进行更深层次研究，针对网络的连通水平考虑两种分布：均匀分布（Uniform Distribution）和比例分布（Proportional Distribution）。对于网络中所有的节点，图6.12

显示了 10 个连通水平值的节点对数。

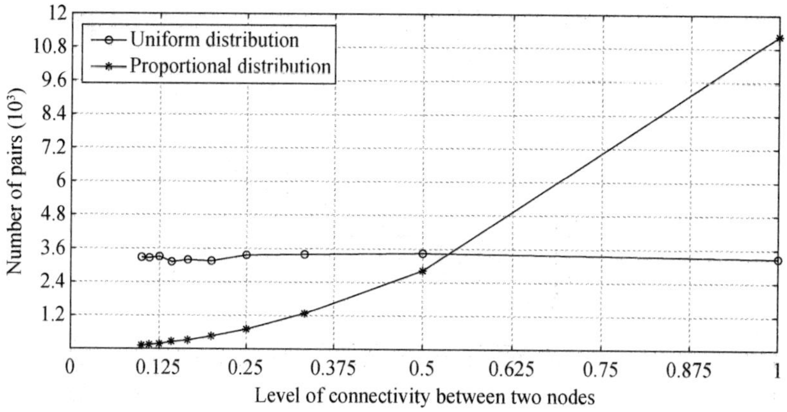

图 6.12　不同连通水平的节点对数

在均匀分布的情况下，不同的连通水平值所对应的节点对数是均匀分布的。在比例分布的情况下，不同的连通水平值所对应的节点对数与连通水平值成正比。

如前所述，基于目录的模式和无目录的模式之间的模式切换是由发生局部过载的 DA 节点的特定比例所触发的。本质上说，DA 节点的局部过载是由过度频繁的服务查询引起的。为了能够更好地研究本章模型的模式切换，通过大量实验来寻找服务查询频率的经验阈值 qf_0。最后选定服务查询频率的经验阈值取 $qf_0 = 0.003$。换言之，大于 0.003 的 qf_0 值会导致超过 75% 的 DA 节点发生局部过载，进而触发由基于目录的模式到无目录的模式的模式切换。

图 6.13 显示了两种节点对数分布下网络的可获得性。当 $qf_0 \in [0.0005, 0.003]$ 时，实验是在基于目录的模式下运行的。由于实验的初期运行模式是基于目录的模式，因此两种节点对数分布的可获得性基本没有差异。当 $qf_0 \in [0.003, 0.0055]$ 时，实验是在无目录的模式下运行的。由于均匀分布的节点对数比比例分布的节点对数提供了更多的较小连通水平，从总体上说，更多距离更远的节点可以进行通信。因此，均匀分布下的可获得性数值要比比例分布下对应的可获得性数值大一些。

图 6.14 中，当 $qf_0 \in [0.0005, 0.003]$ 时，两种节点对数分布下网络的延迟随着服务查询频率的增加而单调增加。当 $qf_0 \in [0.003, 0.0055]$ 时，两种节点对数分布下网络的延迟随着服务查询频率的增加而单调减小。实验结果显示在基于目录的模式和无目录的模式下，两种节点对数分布下网络的延迟不相上下。

图 6.15 中，当 $qf_0 \in [0.0005, 0.003]$ 时，服务发现的体系结构为基于目录的模式，两种节点对数分布下网络的消息开销保持为 1。当服务发现的体系结构切换为无目录的模式后，即 $qf_0 \in [0.003, 0.0055]$ 时，两种节点对数分布下网络的消息开销随着服务查询频率的增加而单调增加。具体来说，当 $qf_0 \in [0.003, 0.0055]$ 时，两种节点对数分布下网络的消息开销不相上下。因此，在消息开销方面，基于目录的模式要明显优于无目录的模式。

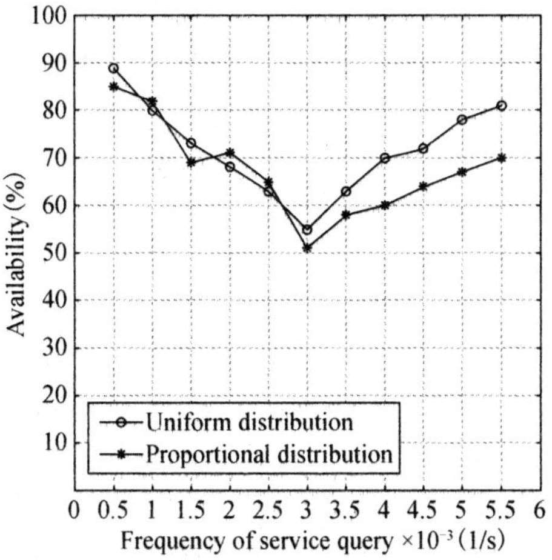

图 6.13　两种节点对数分布下网络的可获得性

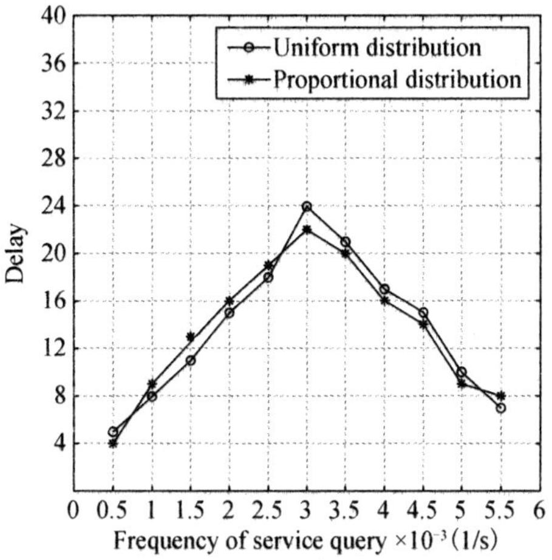

图 6.14　两种节点对数分布下网络的延迟

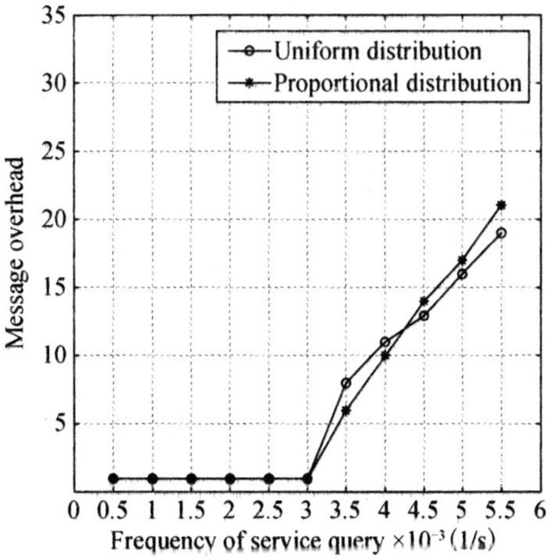

图 6.15　两种节点对数分布下网络的消息开销

通过对上述实验结果的分析，可以看出本章模型的自主模式切换功能能够在可获得性、消息开销和延迟三个方面显著地提升服务发现的性能。

6.5 本章小结

本章提出自治的动态服务发现体系结构。该体系结构基于 Chord 协议，涉及节点位置优化和能量节约。针对拓扑控制、节点能量节约和节点位置隐私保护等问题，提出了局部位置优化算法和全局位置优化算法。本章引入监测令牌来监测移动自组织网络的状态和各项参数。该体系结构的关键功能是能够在基于目录的模式和无目录的模式之间进行自主的模式切换。本章在基于 NS-2 开发的移动自组织网络平台上进行了大量实验来评估该体系结构的性能，将实验结果针对服务发现的三大性能指标（可获得性、消息开销和延迟）进行了分析，得出的结论为自主的模式切换功能能够显著提升服务发现的性能。

7 服务选择中面向残缺信息的质量评价方法

7.1 引言

当面对全球范围内成千上万同质化的服务时，在其中选择一个合适的服务对于普通用户来说是极为困难的。一般来说，服务选择的过程是通过分析它的属性来进行的。服务属性分为两大类：功能性属性和非功能性属性。由于面向相同应用领域的服务在功能属性方面非常相似，为了能够对众多服务进行具有一定意义的比较，研究者们不得不转向非功能性属性。在非功能性属性方面，用户一直极为看重网络服务的质量。服务质量是一个描述网络服务非功能性方面的概念，并且在该领域的研究中被广泛使用[40,46,159,161,162,165,236,237]。一般来说，网络服务的质量包含大量的非功能性属性，如花费、信誉和可获得性[40]。此外，文献[81]指出谈及网络服务的质量时，还应该包括执行时间（Execution Time）和出错率（Error Rate）。

目前，基于服务质量的服务选择方法存在一些普遍性的问题。随着互联网的发展，网络服务的服务质量属性个数持续增长。因此，新的服务质量方面及相应的属性持续涌现。此外，单个服务质量属性能够被分解为若干个子属性。例如，性能（Performance）可以被分解为吞吐率和时延（Latency）。因此，固定的或缺乏灵活性的方法具有一定程度的缺陷。此外，不同用户对相同服务质量属性的认识和对待方式也不尽相同。例如，使用网络服务的花费通常是用户的一个主要关注点。然而，大规模的公司或其他机构的用户很可能对价格不是很敏感。因此，当对候选的网络服务进行选取时，用户应当确定目前所考虑属性的相对优先级。更进一步地说，类似这样的功能应当在网络服务选择方法中内建。这样的话，服务选择的过程与用户之间的交互就不会成为服务选择方法的一个负担。更重要的是，当用户的意见被采纳后，初期的用户体验会有显著提升。针对上述问题，研究者们转向本身成体系的独立数学工具，其中一个流行的工具就是层次分析法。层次分析法是一个多准则决策工具，其被广泛应用于与决策相关的众多应用场景[238]。层次分析法的特性使得其能够以堪称典范的方式来处理上述问题。若干值得注意的研究工作已经将层次分析法应用在网络服务选择问题上。文献[175]使用层次分析法来实现对跨域服务质量属性的总体排序，该排序结果用来优化网络服务组合问题中的决策过程。文献[173]使用层次分析法来获得相关特性的优先级，进而实施网络服务选择。文献[176]提出了一个并行层次分析过程来处理网络服务发现和网络服务组合。文献[239]基于层次分析法提出了一个评估框架，该评估框架包含一个优秀的质量模型。文献[177]提出了一个决策支持系统模块，该模块基于层次分析法来对网络服务的质量进行评价。文献[81]提出了一个基于层次分析法的协同服务质量感知模型来进行服务选择。然而，上述研究工作包含一个共有的弊端：它们均通过分析和应用层次分析法来针对服务选择问题提出解决方案，但是忽视了传统层次分析法需要完整的判断矩阵这个要求。在实际中，判断矩阵很可能是残缺的，其部分元素是不可获得的。在这种情况下，传统的层次分析法无法工作。本章提出一种改进的层次分析法，其能够处理残缺判断矩阵。由于改进的方法是基于传统层次分析法理论的，其不仅继承了传统层次分析法的所有优点，还能够应对信息不足的情况。

7.2 传统层次分析法

层次分析法由 Thomas L. Saaty[168]首先提出，该方法是一个处理复杂决策问题的高效工具。在层次分析法中，复杂的决策问题被分解成多个层次并进行两两比较，通过将这些比较的结果进行集成来获得最终的决策。如前所述，层次分析法的层次化结构很适合解决 7.1 节中提到的基于服务质量的服务选择方法所面临的问题。灵活的层次化结构能够很容易地容纳新的服务质量属性，某个属性的子属性很自然地置于该属性的下方。更重要的是，由用户提供的不同服务质量属性的优先级能够方便地映射至层次化结构。传统层次分析法涉及的主要步骤如下：

1）陈述问题。

2）确定影响决策过程的准则，并将需要进一步分解的准则进行分解。

3）计算所有准则和子准则的权重值，并构造层次化结构。

4）列出所有可选项。

5）针对每个准则/子准则计算出所有可选项的权重值。

6）以自底向上的方式对权重值进行集成，最终获得针对可选项的排序向量。

准则所具有的权重值是基于两两比较矩阵的，矩阵的每个元素都反映出某两个给定准则之间相对重要程度的判断。具体来说，这样的判断由比例数值来表示，Thomas L. Saaty 所采用的比例数值见表 7.1。

表 7.1 重要程度的比例数值

数值	解释
1	两个因素同等重要
3	感受或判断稍微倾向于其中一个因素
5	感受或判断很倾向于其中一个因素
7	感受或判断非常倾向于其中一个因素
9	感受或判断极其倾向于其中一个因素
2，4，6，8	需要折中时使用的中间数值

假定层次结构的同一层上共有 m 个准则，根据表 7.1 能够得出一个 $n \times n$ 的两两比较矩阵 $\boldsymbol{M}=(a_{ij})$。元素 a_{ij} 表示第 i 个准则相对于第 j 个准则的重要程度：当 $a_{ij}>1$ 时，表示

第 i 个准则比第 j 个准则更重要；当 $a_{ij}<1$ 时，表示第 j 个准则比第 i 个准则更重要；如果 $a_{ij}=1$，表示第 i 个准则与第 j 个准则同等重要。对于矩阵 $\boldsymbol{M}$ 的所有元素，有

$$a_{ij}\cdot a_{ji}=1 \tag{7-1}$$

更进一步来说，其中 $a_{ij}>1$，因此矩阵 $\boldsymbol{M}$ 是正互反矩阵。由于人类的判断中涉及不确定性，因此两两比较的结果有可能是不一致的。层次分析法规定必须对一致性比率进行计算。一致性比率的计算方法为 $CR=CI/RI$，其中 CI 表示一致性指标，RI 表示随机一致性指标。对于两两比较矩阵 $\boldsymbol{M}$，CI 的计算方法为

$$CI=(\lambda_{\max}-n)/(n-1) \tag{7-2}$$

其中，$\lambda_{\max}$ 是矩阵 $\boldsymbol{M}$ 的主特征值。表 7.2 列出了 Thomas L.Saaty 采用的 RI 值[170]。

表 7.2 随机一致性指标

n	1	2	3	4	5	6	7	8	9	10
RI	0	0	0.58	0.90	1.12	1.24	1.32	1.41	1.45	1.49

$CR<0.1$ 表示矩阵 M 可以看作一致性矩阵。当 $CR>0.1$ 时，矩阵 M 是不一致的。对于后者，首先需要对不一致的判断进行定位，然后选择更合适的数值来使得矩阵成为一致的[172]。对于一致的判断矩阵，能够获得优先级的排序。对准则进行排序的方法很多，Thomas L.Saaty 指出基于特征向量的求解方法是最好的[168]。矩阵的特征向量指明了准则之间的相对排序，对可选项的处理与对准则的处理过程类似。针对某个准则，每个可选项对于另外一个可选项的偏好通过计算该准则对应的两两比较矩阵的特征向量来获得。

7.3 针对残缺信息的层次分析法

7.3.1 残缺判断矩阵及其一致性

在 7.2 节中提到，当使用传统层次分析法时，两两比较矩阵应当针对所有准则都进行构造。在构造的过程中，对于每个准则和子准则，其判断矩阵均需要进行 $n(n-1)/2$ 次两两比较。如果存在很多准则和子准则，那么层次化结构里中间层（Intermediate Levels）的数量和规模都会变得很大，因此需要进行大量的比较。然而，当请用户对自己使用过的若干网络服务进行打分时，用户很可能无法给出某些判断。例如，用户很可能对某个准则不感兴趣。距离部署网络服务的服务器近的用户通常很少在意时延，因为这方面的性能通常令人满意。此外，由于客户端环境中的一些实际限制，用户很可能无法对某个准则给出准确的判断。例如，对网络服务执行时间进行精确地计算对于一些用户来说是不现实的。另外，出于隐私方面的考虑，用户对于自己比较敏感的准则很可能只是简单地不做任何评论（如网络服务的出错率）。在实际中，上述种种情况都是很常见的，而且也是应该被允许的。当用户提供的意见不完全时，两两比较矩阵中的一些元素就会缺失，这类矩阵称为残缺判断矩阵。随后对残缺判断矩阵中元素权重值的计算及排序称为

针对残缺信息的排序。

显而易见，信息的残缺程度与排序结果的可信度成反比。可获得的信息越少，排序结果越不可信。为了得到较为精确的排序结果，对信息的残缺程度和缺失元素的位置都应该有所限制。这就涉及残缺判断矩阵是否是可接受的（Acceptable），如可接受的残缺判断矩阵所包含的元素个数的下界是什么，残缺判断矩阵的一致性如何检测，怎样从残缺判断矩阵中获得权重向量等。为了能够更好地对残缺判断矩阵进行阐述，本章将残缺判断矩阵中缺失的元素的数值规定为 0。换而言之，0 是一个表示元素缺失的标志。处理残缺判断矩阵的基本思想如下：对于残缺判断矩阵中缺失的元素，期望与之相关的信息能够通过矩阵中现有元素的间接比较来获得。只要具有足够的间接信息，就能够获得对缺失元素的可接受的估计（Estimation）。

令 $\boldsymbol{M}=(a_{ij})$ 表示一个 $n\times n$ 的残缺判断矩阵，其中 $n\geqslant 2$ 。对于任意现有元素 a_{ij} ，$a_{ij}>0$ 。如果元素 a_{ij} 缺失，那么 $a_{ij}=0$ 。矩阵 $\boldsymbol{M}$ 缺失的元素用集合 Γ_M 来表示。

引理 7.1：对于缺失元素 a_{ij} ，如果元素 a_{ik} 和 a_{kj} 存在，那么 a_{ij} 能够由 a_{ik} 和 a_{kj} 间接地导出。

证明：元素 a_{ij} 是事物与事物进行比较所得的比值，不妨将 a_{ij} 表示为 $a_{ij}=a_i/a_j$ 。类似地，有 $a_{ik}=a_i/a_k$ 和 $a_{kj}=a_k/a_j$ 。那么， a_{ij} 可以按如下方式进行计算：

$$a_{ij}=a_i/a_j=\frac{a_i/a_k}{a_j/a_k}=\frac{a_{ik}}{1/a_{kj}}=a_{ik}\cdot a_{kj} \tag{7-3}$$

定义 7.1（**邻接的 Adjacent**）：对于两个元素 a_{ij} 和 a_{vp} ，如果集合 $\{i,j\}$ 和集合 $\{v,p\}$ 的交集非空，即 $\{i,j\}\cap\{v,p\}\neq\varnothing$ ，那么，称元素 a_{ij} 和 a_{vp} 是邻接的。

定理 7.1（**可导出的 Derivable**）：对于缺失的元素 a_{ij} ，如果存在向量 $\boldsymbol{T}=(a_{ij_1},a_{j_1j_2},\cdots,a_{j_kj})$ ，该向量的元素与元素 a_{ij} 是相继（Successively）邻接的，那么，元素 a_{ij} 能够由向量 $\boldsymbol{T}$ 导出，称元素 a_{ij} 是可导出的。

由于向量 $\boldsymbol{T}$ 的元素与缺失元素 a_{ij} 是相继邻接的，定理 7.1 的证明过程由若干次引理 7.1 证明过程的迭代构成。这里略去该证明过程。

定义 7.2（**可接受的 Acceptable**）：如果集合 Γ_M 中所有元素都是可导出的，那么称矩阵 $\boldsymbol{M}$ 为可接受的残缺判断矩阵。

定理 7.2：如果残缺判断矩阵 $\boldsymbol{M}$ 是可接受的，那么一个必要条件是除主对角线上的元素之外，矩阵 $\boldsymbol{M}$ 的每一行或列，都至少包含一个元素。

证明：定理 7.2 中阐述的必要条件可以改述为对于矩阵 $\boldsymbol{M}$ ，至少需要进行 $n-1$ 次判断。这里，考虑矩阵 $\boldsymbol{M}$ 中的一个缺失元素 a_{ij} ，且 $i\neq j$ 。由于矩阵 $\boldsymbol{M}$ 是可接受的，因此缺失元素 a_{ij} 是可导出的。根据定理 7.1，存在一个向量 $\boldsymbol{T}=(a_{ij_1},a_{j_1j_2},\cdots,a_{j_kj})$ 。因此，在矩阵 $\boldsymbol{M}$ 的第 i 行，至少存在一个元素 a_{ij_1} ，且 $j_1\neq i$ 。类似地，在矩阵 $\boldsymbol{M}$ 的第 j 列，至少存在一个元素 a_{j_kj} ，且 $j_k\neq j$ 。此外，根据判断矩阵的互反属性，有 $a_{ij}=1/a_{ji}$ 。每个

判断都产生一个元素 a_{ij} 与它的倒数 a_{ji}。因此，可以得出一个更加严格的陈述，即对于 $n-1$ 个判断，除主对角线上的元素之外，矩阵 $\boldsymbol{M}$ 的上三角矩阵包含 $n-1$ 个元素。

需要注意的是，定理 7.2 仅仅是残缺判断矩阵 $\boldsymbol{M}$ 成为可接受的一个必要条件。现在继续探寻残缺判断矩阵 $\boldsymbol{M}$ 成为可接受的充分必要条件。

定义 7.3（有向赋权图 Directed Weighted Graph）：对于残缺判断矩阵 $\boldsymbol{M}$，将与之对应的有向赋权图用 $P(M)=(V,E)$ 来表示，其构造过程遵循的规则为 $P(\boldsymbol{M})$ 由顶点（Vertices）、有向边（Directed Edges）和与有向边对应的权值组成。有向赋权图 $P(M)$ 中总共有 n 个顶点，不妨用集合 $V=\{v_1,v_2,\cdots,v_n\}$ 来表示。集合 V 的元素代表与残缺判断矩阵 $\boldsymbol{M}$ 对应的 n 个事物。假设除主对角线上的元素之外，矩阵 $\boldsymbol{M}$ 的上三角矩阵包含 r 个元素，那么有向赋权图 $P(M)$ 中总共有 $2r$ 条有向边，不妨用集合 $E=\{v_{i_1}v_{j_1},v_{j_1},v_{i_1},\cdots,v_{i_k}v_{j_k},v_{j_k}v_{i_k},\cdots,v_{i_r}v_{j_r},v_{j_r}v_{i_r}\}$ 来表示它们，其中 $v_{i_k}v_{j_k}$ 和 $v_{j_k}v_{i_k}$ 表示连接顶点 v_{i_k} 和 v_{j_k} 的两条方向相反的边。有向边 $v_{i_k}v_{j_k}$ 的权值为 $w(v_{i_k},v_{j_k})=a_{i_kj_k}$。

定义 7.4（路径，Path）：对于非空有向赋权图 $P(M)=(V,E)$，称 $P=v_1v_2\cdots v_k$ 为顶点 v_1 到 v_k 的一条路径，其中 $\{v_1,v_2,\cdots,v_k\}\subseteq V$，且 $\{v_1v_2,v_2v_3,\cdots,v_{k-1}v_k\}\subseteq E$。

定义 7.5（环，Cycle）：对于路径 $P=v_1v_2\cdots v_k$，其中 $k\geqslant 3$，图 $P+v_kv_1$ 称为环，将该环表示为 $C=v_1v_2\cdots v_{k-1}v_kv_1$，环的长度是指其中包含的边数，该环的长度是 k，可用 $C^k=v_1v_2\cdots v_{k-1}v_kv_1$ 来表示。

定义 7.6（环的权值，Cycle Weight）：对于环 $C=v_1v_2\cdots v_{k-1}v_kv_1$，$C$ 的权值是其中全部边的权值的乘积，即 $w(C)=w(v_k,v_1)\cdot\prod_{i=2}^{k}w(v_{i-1},v_i)$。

定义 7.7（强连通图，Strongly Connected Graph）：对于图中任意的两个顶点，若它们之间总存在两条方向相反的有向边，那么称该图为强连通图。

定义 7.8（置换矩阵，Permutation Matrix）：对于矩阵 $\boldsymbol{P}$，如果每行/列中仅有一个元素等于 1，且 $\boldsymbol{P}$ 中其余元素均为 0，那么称 $\boldsymbol{P}$ 为置换矩阵。

定义 7.9（可约的，Reducible）：对于 $n\times n$ 的残缺判断矩阵 $\boldsymbol{M}$，如果存在一个 $n\times n$ 的置换矩阵 $\boldsymbol{P}$ 使得等式

$$\boldsymbol{PMP}^{\mathrm{T}}=\begin{pmatrix}\boldsymbol{M}_{11} & \boldsymbol{M}_{12}\\ O & \boldsymbol{M}_{22}\end{pmatrix} \tag{7-4}$$

成立，其中 $\boldsymbol{M}_{11}$ 是一个 $r\times r$ 的矩阵，$\boldsymbol{M}_{12}$ 是一个 $(n-r)\times(n-r)$ 的矩阵，那么称 $\boldsymbol{M}$ 是可约的，否则称 $\boldsymbol{M}$ 是不可约的。

定理 7.3：对于一个 $n\times n$ 的残缺判断矩阵 $\boldsymbol{M}$，其不可约的充分必要条件为存在一个正整数 s 使得 $\boldsymbol{M}^s>0$ 成立，其中 $s\leqslant n-1$。

证明：必要性的证明等价于以下命题。

命题 7.1：对于任意非负向量 $\boldsymbol{f}\geqslant 0$，不等式 $\boldsymbol{M}^{n-1}\boldsymbol{f}>0$ 成立。

证明：令 $\boldsymbol{f}=(f_1,f_2,\cdots,f_n)$，其中 $\left|\{f_i:f_i=0\}\right|\leqslant n-1$。令 $\boldsymbol{f}^{(0)}=\boldsymbol{f}$ 为一个不为零的非

负向量，其零分量至多有$n-1$个。令向量$\boldsymbol{f}^{(1)}=\boldsymbol{Mf}$，记$\boldsymbol{f}^{(0)}=(f_1^{(0)},f_2^{(0)},\cdots,f_n^{(0)})$，$\boldsymbol{f}^{(1)}=(f_1^{(1)},f_2^{(1)},\cdots,f_n^{(1)})$。由于$f_i^{(1)}=\sum_{j=1}^{n}a_{ij}\cdot f_j^{(0)}$，如果$f_i^{(0)}>0$，则有$f_i^{(1)}>0$。对于$f^{(0)}=0$，假设$\left|\{f_i^{(0)}:f_i^{(0)}=0\}\right|$等于$\left|\{f_i^{(1)}:f_i^{(1)}=0\}\right|$，那么有$f^{(1)}=0$。因此，存在一个$n\times n$的置换矩阵$\boldsymbol{P}$使得$\boldsymbol{Pf}^{(1)}=\begin{pmatrix}O\\ \boldsymbol{\sigma}_1\end{pmatrix}$和$Pf^{(0)}=\begin{pmatrix}O\\ \boldsymbol{\sigma}_2\end{pmatrix}$，其中向量$\boldsymbol{\sigma}_1>0$，$\boldsymbol{\sigma}_2>0$，且$\boldsymbol{\sigma}_1$与$\boldsymbol{\sigma}_2$的维数相同。那么，$\boldsymbol{Pf}^{(1)}=\boldsymbol{PMf}^{(0)}=\boldsymbol{PMP}^{\mathrm{T}}\boldsymbol{Pf}^{(0)}$成立。由于

$$\boldsymbol{PMP}^{\mathrm{T}}=\begin{pmatrix}\boldsymbol{M}_{11} & \boldsymbol{M}_{12}\\ \boldsymbol{M}_{21} & \boldsymbol{M}_{22}\end{pmatrix} \tag{7-5}$$

因此

$$\begin{pmatrix}\boldsymbol{O}\\ \boldsymbol{\sigma}_1\end{pmatrix}=\begin{pmatrix}\boldsymbol{M}_{11} & \boldsymbol{M}_{12}\\ \boldsymbol{M}_{21} & \boldsymbol{M}_{22}\end{pmatrix}\begin{pmatrix}\boldsymbol{O}\\ \boldsymbol{\sigma}_2\end{pmatrix} \tag{7-6}$$

则有$\boldsymbol{M}_{12}=0$，这与矩阵M的不可约性相互矛盾。因此，有$\left|\{f_i^{(0)}:f_i^{(0)}=0\}\right|>\left|\{f_i^{(1)}:f_i^{(1)}=0\}\right|$，即$\left|\{f_i^{(1)}:f_i^{(1)}=0\}\right|\leqslant n-2$。对于向量序列$\boldsymbol{f}^{(2)},\boldsymbol{f}^{(3)},\cdots,\boldsymbol{f}^{(k)},\cdots,\boldsymbol{f}^{(n-1)}$，且$\boldsymbol{f}^{(n-1)}>0$，有$\boldsymbol{f}^{(k)}=\boldsymbol{Mf}^{(k-1)}=\boldsymbol{M}^2\boldsymbol{f}^{(k-2)}=\cdots=\boldsymbol{M}^k\boldsymbol{f}^{(0)}$。因此，$\boldsymbol{f}^{(n-1)}=\boldsymbol{M}^{n-1}\boldsymbol{f}^{(0)}>0$。必要性证毕。

下面证明充分性，令$\boldsymbol{M}^s>0$，其中$s\leqslant n-1$，假定矩阵$\boldsymbol{M}$是可约的。由于矩阵$\boldsymbol{M}$是可约的，则一定存在一个$n\times n$的置换矩阵$\boldsymbol{P}$使得

$$\boldsymbol{PMP}^{\mathrm{T}}=\begin{pmatrix}\boldsymbol{M}_{11} & \boldsymbol{O}\\ \boldsymbol{M}_{21} & \boldsymbol{M}_{22}\end{pmatrix} \tag{7-7}$$

成立。对于任意正整数k，有

$$\boldsymbol{PM}^k\boldsymbol{P}^{\mathrm{T}}=\begin{pmatrix}\boldsymbol{M}_{11} & \boldsymbol{O}\\ \boldsymbol{M}_{21} & \boldsymbol{M}_{22}\end{pmatrix}^k=\begin{pmatrix}\tilde{\boldsymbol{M}}_{11} & \boldsymbol{O}\\ \tilde{\boldsymbol{M}}_{21} & \tilde{\boldsymbol{M}}_{22}\end{pmatrix} \tag{7-8}$$

则有

$$\boldsymbol{M}^k=\boldsymbol{P}^{\mathrm{T}}\begin{pmatrix}\tilde{\boldsymbol{M}}_{11} & \boldsymbol{O}\\ \tilde{\boldsymbol{M}}_{21} & \tilde{\boldsymbol{M}}_{22}\end{pmatrix}\boldsymbol{P} \tag{7-9}$$

因此，不等式$\boldsymbol{M}^s>0$不成立。所以可约性的假设不成立。

定理 7.4：一个$n\times n$的残缺判断矩阵$\boldsymbol{M}$不可约的充分必要条件为其所对应的有向赋权图是强连通的。

证明：由定理 7.3 可知，一个$n\times n$的残缺判断矩阵$\boldsymbol{M}$不可约的充分必要条件为存在一个正整数s使得$\boldsymbol{M}^s>0$成立，其中$s\leqslant n-1$。因此，矩阵$\boldsymbol{M}$所对应的有向赋权图是强连通的。

定理 7.5：一个$n\times n$的残缺判断矩阵$\boldsymbol{M}$可接受的充分必要条件是矩阵$\boldsymbol{M}$不可约。

证明：必要性证明如下，假定矩阵$\boldsymbol{M}$是可约的，那么存在一个$n\times n$的置换矩阵$\boldsymbol{P}$使得

$$
\boldsymbol{E}=\boldsymbol{P}^{\mathrm{T}}\boldsymbol{M}\boldsymbol{P}=\begin{pmatrix} e_{11} & \cdots & e_{1r} & 0 & \cdots & 0 \\ \vdots & & \vdots & \vdots & & \vdots \\ e_{r1} & \cdots & a_{rr} & 0 & \cdots & 0 \\ 0 & \cdots & 0 & e_{r+1r+1} & \cdots & e_{r+1n} \\ \vdots & & \vdots & \vdots & & \vdots \\ 0 & \cdots & 0 & e_{nr+1} & \cdots & e_{nn} \end{pmatrix}=\begin{pmatrix} \boldsymbol{E}_1 & \boldsymbol{O} \\ \boldsymbol{O} & \boldsymbol{E}_2 \end{pmatrix} \tag{7-10}
$$

成立，其中$\boldsymbol{E}_1$和$\boldsymbol{E}_2$均为方阵。式（7-10）中，当$i=1,2,\cdots,r$且$j>r$，以及$i=r+1,\cdots,n$且$j<r+1$时，有$e_{ij}=0$。由于矩阵$\boldsymbol{M}$是可接受的，对于任意的缺失元素e_{ij}，存在一个由现有元素构成的向量，通过该向量能够将缺失元素导出。考虑缺失元素e_{ij}，其中$1\leqslant i\leqslant r$且$j>r$，存在一个现有元素构成的向量$\boldsymbol{T}=(e_{ij_1},e_{j_1j_2},\cdots,e_{j_kj})$。元素$e_{j_kj}$与缺失元素$e_{ij}$位于同一列，由于$e_{j_kj}\neq 0$，有$j_k>r$；由于$e_{j_{k-1}j_k}\neq 0$，有$j_{k-1}>r$。类似地，可知$j_{k-2},\cdots,j_1>r$。然而，当$j_1>r$时，有$e_{ij_1}=0$，这与前提条件互相矛盾，即$e_{ij_1}$是一个已有元素，其值是大于0的。必要性证毕。

下面证明充分性，令矩阵$\boldsymbol{M}$是不可约的。由定理7.4可知，矩阵$\boldsymbol{M}$对应的有向赋权图是强连通的。因此，对于任意$a_{ij}=0$，一定存在从顶点v_i到顶点v_j的一条路径$P=v_iv_{j_1}v_{j_2}\cdots v_{j_k}v_j$。那么，存在与之对应的由已有元素组成的向量$\boldsymbol{T}=(a_{ij_1},a_{j_1j_2},\cdots,a_{j_kj})$。因此，矩阵$\boldsymbol{M}$是可接受的。充分性证毕。

简而言之，如果一个残缺判断矩阵是可接受的，那么它能够转化成一个完全判断矩阵。由于完全判断矩阵中不缺失元素，对一致性的检测及权值向量的计算能够按照传统层次分析法来进行。对于残缺判断矩阵，其一致性定义如下。

定义7.10（一致的，Consistent）：对于一个$n\times n$的残缺判断矩阵$\boldsymbol{M}$，其中$n\geqslant 2$，且矩阵$\boldsymbol{M}$是不可约的。令$P(M)$表示矩阵$\boldsymbol{M}$所对应的有向赋权图。若有向赋权图$P(M)$中任意环C的权值均等于1，那么称矩阵$\boldsymbol{M}$是一致的。否则，称矩阵$\boldsymbol{M}$是不一致的。

例如，考虑五个事物的两两比较结果，该结果由残缺判断矩阵$\boldsymbol{M}_1$表示。矩阵$\boldsymbol{M}_1$对应的有向赋权图$P(M_1)$见图7.1。

$$
\boldsymbol{M}_1=\begin{pmatrix} 1 & 0 & 3 & 0 & 0 \\ 0 & 1 & \frac{1}{4} & \frac{1}{2} & \frac{1}{6} \\ \frac{1}{3} & 4 & 1 & 0 & 0 \\ 0 & 2 & 0 & 1 & \frac{1}{3} \\ 0 & 6 & 0 & 3 & 1 \end{pmatrix} \tag{7-11}
$$

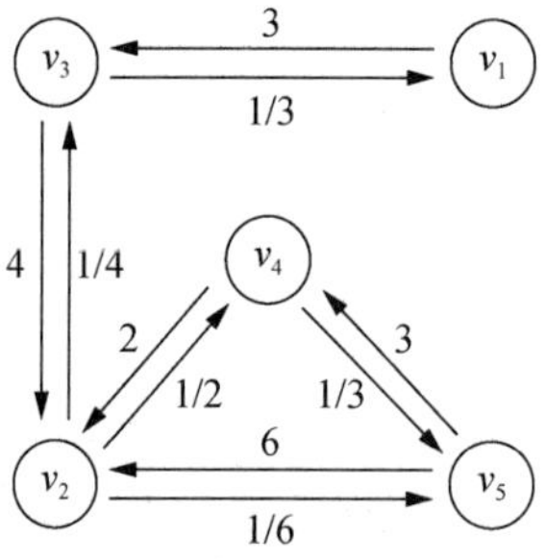

图 7.1　矩阵 $\boldsymbol{M}_1$ 的有向赋权图

由于 $P(M_1)$ 是强连通的，因此矩阵 $\boldsymbol{M}_1$ 是不可约的。$P(M_1)$ 仅有一个环：$C_1^3 = v_2v_5v_4v_2$。环 C_1^3 的权值为 $w(C_1^3)=1$，因此残缺判断矩阵 $\boldsymbol{M}_1$ 是一致的。矩阵 $\boldsymbol{M}_1$ 缺失 10 个元素，对应五个缺失的判断。这些缺失元素的具体位置决定了有向赋权图 $P(M_1)$，仅有一个环使得计算量很小，但是实际应用中可能缺失的元素少一些，这样有向赋权图中的环就可能很多。一般来说，更少的缺失元素会让新产生的有向赋权图包含更多的环。为了将研究更进一步，随机给矩阵 $\boldsymbol{M}_1$ 添加一对元素：令 $a_{14}=6$，$a_{41}=1/6$，则新的残缺判断矩阵为

$$\boldsymbol{M}_2=\begin{pmatrix} 1 & 0 & 3 & 6 & 0 \\ 0 & 1 & \frac{1}{4} & \frac{1}{2} & \frac{1}{6} \\ \frac{1}{3} & 4 & 1 & 0 & 0 \\ \frac{1}{6} & 2 & 0 & 1 & \frac{1}{3} \\ 0 & 6 & 0 & 3 & 1 \end{pmatrix} \tag{7-12}$$

由于有向赋权图 $P(M_2)$ 是强连通的，因此矩阵 $\boldsymbol{M}_2$ 是不可约的。有向赋权图 $P(M_2)$ 中有三个环：$C_2^4=v_1v_3v_2v_4v_1$、$C_2^5=v_1v_3v_2v_5v_4v_1$ 和 $C_2^3=v_2v_5v_4v_2$。尽管仅增加了一个判断，即对应两个元素 a_{14} 和 a_{41}，但是有向赋权图中 $P(M_2)$ 环的个数变成有向赋权图 $P(M_1)$ 中环的个数的三倍。由于有向赋权图 $P(M_2)$ 中所有环的权值均为 1，因此残缺判断矩阵 $\boldsymbol{M}_2$ 是一致的。现在随机地给矩阵 $\boldsymbol{M}_2$ 添加一对元素：令 $a_{12}=6$，$a_{21}=1/6$，则新的残缺判断矩阵为

$$\boldsymbol{M}_3=\begin{pmatrix} 1 & 6 & 3 & 6 & 0 \\ \frac{1}{6} & 1 & \frac{1}{4} & \frac{1}{2} & \frac{1}{6} \\ \frac{1}{3} & 4 & 1 & 0 & 0 \\ \frac{1}{6} & 2 & 0 & 1 & \frac{1}{3} \\ 0 & 6 & 0 & 3 & 1 \end{pmatrix} \tag{7-13}$$

由于有向赋权图 $P(M_3)$ 是强连通的，因此矩阵 $\boldsymbol{M}_3$ 是不可约的。有向赋权图 $P(M_3)$ 中有六个环：$C_{3(1)}^3=v_1v_3v_2v_1$、$C_{3(2)}^3=v_1v_2v_4v_1$、$C_{3(3)}^3=v_2v_4v_5v_2$、$C_{3(1)}^4=v_1v_3v_2v_4v_1$、$C_{3(2)}^4=v_1v_2v_5v_4v_1$ 和 $C_3^5=v_1v_3v_2v_5v_4v_1$。尽管仅增加了一个判断，即对应两个元素 a_{12} 和 a_{21}，但是有向赋权图 $P(M_3)$ 中环的个数变成有向赋权图 $P(M_2)$ 中环的个数的两倍。具体来说，有向赋权图 $P(M_3)$ 中环 C^3、C^4 和 C^5 的个数分别为 3、2 和 1。上述六个环的权值为 $w(C_{3(1)}^3)=2$、$w(C_{3(2)}^3)=1/2$、$w(C_{3(3)}^3)=1$、$w(C_{3(1)}^4)=1$、$w(C_{3(2)}^4)=1/2$ 和 $w(C_3^5)=1$。由于有向赋权图 $P(M_3)$ 中存在权值不为 1 的环，因此残缺判断矩阵 $\boldsymbol{M}_3$ 是不一致的。为了改善一致性，矩阵 $\boldsymbol{M}_3$ 中两两比较的结果需要修正，即关于五个事物的两两比较需要进行修正。

7.3.2 基于残缺信息的排序

在传统层次分析法中，通过计算对应判断矩阵的特征向量来获得事物优先级的排序。上述方法由 Thomas L.Saaty 推荐，且他指出这是最方便的方法。然而，针对残缺判断矩阵，存在其他直接获取优先级排序的方法。换言之，不需要将残缺判断矩阵转化为完全判断矩阵。当缺失元素的个数较多时，这样做较为简便。本章提出用对数最小二乘法来解决该问题。假设存在向量 $\boldsymbol{W}=(w_1,w_2,\cdots,w_n)^{\mathrm{T}}$，其中 n 为残缺判断矩阵 $\boldsymbol{M}$ 的阶。向量 $\boldsymbol{W}$ 表示事物优先级的归一化排序。对数最小二乘法的基本思想是确定满足如下条件的向量 $\boldsymbol{W}$。

$$\min\sum_{i,j=1}^{n}[\log(a_{ij})-\log(w_i/w_j)]^2 \tag{7-14}$$

对式（7-14）的求和符号内部取自然对数，令 $r_{ij}=\ln a_{ij}$ 和 $x_i=\ln w_i-\partial$，其中 $i,j=1,2,\cdots,n$，则有

$$\min\sum_{i,j=1}^{n}(r_{ij}-x_i+x_j)^2 \tag{7-15}$$

令 $\boldsymbol{I}=(\eta_{ij})$ 为一个矩阵，其中：

$$\eta_{ij}=\begin{cases}0, & a_{ij}\ \text{缺失}\\ 1, & a_{ij}\ \text{未缺失}\end{cases} \tag{7-16}$$

由式（7-15）和式（7-16）可得方程组：

$$x_i\sum_{j=1}^{n}\eta_{ij}-\sum_{j=1}^{n}\eta_{ij}x_j=\sum_{j=1}^{n}\eta_{ij}r_{ij} \tag{7-17}$$

其中 $i,j=1,2,\cdots,n$。通过解方程组（7-17）来获得 $x_1,x_2,\cdots,x_n$。向量 $\boldsymbol{W}=(w_1,w_2,\cdots,w_n)^{\mathrm{T}}$ 的计算方法如下：

$$w_i=\frac{\exp(\partial+x_i)}{\sum_{j=1}^{n}\exp(\partial+x_i)}=\frac{\exp(x_i)}{\sum_{j=1}^{n}\exp(x_i)} \tag{7-18}$$

其中 $i=1,2,\cdots,n$。对于残缺判断矩阵 $\boldsymbol{M}_2$，有

$$
\begin{cases}
2x_1 & & -x_3 & -x_4 & & = \ln 18 \\
 & 3x_2 & -x_3 & -x_4 & -x_5 & = -\ln 48 \\
-x_1 & -x_2 & +2x_3 & & & = \ln(4/3) \\
-x_1 & -x_2 & & +3x_4 & -x_5 & = -\ln 9 \\
 & -x_2 & & -x_4 & +2x_5 & = \ln 18
\end{cases}
\tag{7-19}
$$

由式（7-18）和式（7-19）可得残缺判断矩阵 $\boldsymbol{M}_2$ 对应的五个事物优先级的归一化排序 $\boldsymbol{W}_2=(0.4800,0.0400,0.1600,0.0800,0.2400)^{\mathrm{T}}$。

7.4 案例研究

7.4.1 网络服务评价涉及的服务质量属性

本章关注四个最重要的服务质量属性：可用性（Usability）、吞吐量、可靠性和延迟。

可用性：文献[240]将系统的可用性描述为当有使用系统的需求时，其能够正常工作的可能性，即在某些条件下系统能够在特定的时间点提供其设计具有的功能。可用性的一个通用表示形式为

$$
Usability=\frac{MTBF}{MTBF+MTTR} \tag{7-20}
$$

其中，*MTBF* 为平均故障间隔时间，是一个衡量系统可用性的量度，其表示系统在两次连续的失效之间的平均在线时间；*MTTR* 为平均修复时间，是另一个衡量系统可用性的量度，其表示系统从失效中恢复所需的平均时间。在网络服务的上下文情景中，平均故障间隔时间和平均修复时间的单位选用秒（Second）比较合适。这里，可用性的取值范围是[0, 1]。

吞吐量：在传统的通信网络中，吞吐量表示通信信道上消息传递的平均成功率。然而，在网络服务的上下文情景中，传统的解释不合适。文献[166]将吞吐量解释为网络服务能够处理请求的速率。本章也采用上述定义，将调用次数/秒作为吞吐量的单位。

可靠性：文献[46]将可靠性解释为请求在预先定义的最大时间段内能够被正确响应的概率。文献[81]提出使用出错率来定义可靠性，具体来说，用错误消息个数与总消息个数的比值来表示。文献[240]中，电气和工程协会（Institute of Electrical and Electronics Engineers，IEEE）规定可靠性是系统在给定时间段内执行被要求操作的能力。本章遵从 IEEE 的提议，使用平均故障间隔时间来表示可靠性。这里，可靠性的取值范围是[0,1]。

$$
Reliability=\exp\left(-\left(\frac{givenTime}{MTBF}\right)\right) \tag{7-21}
$$

延迟：响应时间是良好用户体验的显著因素，本章使用延迟来描述该属性，其用来表示从发送请求到收到响应所需的时间。基于对全球范围内大量网络服务的调研，本章

使用毫秒（ms）来对延迟进行度量。这里，延迟的取值范围是$(0,+\infty)$。

上述四个服务质量属性中，可用性、吞吐量和可靠性可以分为一组，因为对于这三个属性来说，属性的取值越大，表明网络服务越好。因此，将这类属性称为正比例属性。相反，延迟的取值越大，表明网络服务越差。因此，将这类属性称为反比例属性。

7.4.2 案例研究的上下文情景

在众多互联网上的服务中，本章选取文件传输协议（File Transfer Protocol，FTP）服务来进行案例研究。为了简单起见，选取分别由五所大学维护的五个 FTP 站点，分别位于北京市、济南市、上海市、杭州市和厦门市。展开案例研究的大学位于西安市，具体的实验室隶属于西安电子科技大学。这里将上述五个 FTP 站点 ftp.bupt.edu.cn、ftp.shandong.edu.cn、ftp.sjtu.edu.cn、ftp.zjut.edu.cn 和 ftp.xmu.edu.cn 分别表示为s_1、s_2、s_3、s_4和s_5。表 7.3 列出了这些 FTP 站点的相关信息。

表 7.3 五个 FTP 站点

站点	域名	大学	地点
s_1	ftp.bupt.edu.cn	北京邮电大学	北京市
s_2	ftp.shandong.edu.cn	山东大学	济南市
s_3	ftp.sjtu.edu.cn	上海交通大学	上海市
s_4	ftp.zjut.edu.cn	浙江工业大学	杭州市
s_5	ftp.xmu.edu.cn	厦门大学	厦门市

针对上述五个 FTP 站点的服务质量数据由 10 台主机收集得到，这 10 台主机的用户用u_k来表示，其中$k=1,2,\cdots,10$。这些用户从上述四个服务质量属性的角度对上述五个 FTP 站点的服务质量数据进行记录。四个服务质量属性用q_m来表示，其中$m=1,2,3,4$。具体来说，服务质量属性中可用性、吞吐量、可靠性和延迟分别用q_1、q_2、q_3和q_4来表示。

7.4.3 实验结果

在对于上述五个 FTP 站点，操作实验主机的 10 个用户持续执行如下五个 FTP 命令：help、cwd、pwd、list 和 retr。命令的执行过程由每个用户独立编写的批处理脚本来自动实现。此外，命令执行过程中脚本文件的若干参数由用户随机地进行修改。对于单次独立的实验，全部站点都被测试 5h。为了能够逼近到具有一般性的结果，下面提到的所有实验结果都是基于大量实验的。表 7.4 列出了多次实验后获取的平均故障间隔时间和平均修复时间的平均值，如前所述，每次实验持续的时间是 5h。

表 7.4　平均故障间隔时间和平均修复时间的平均值　　（单位：s）

站点	平均故障间隔时间	平均修复时间
s_1	2255	94
s_2	950	2019
s_3	1495	841
s_4	3525	3819
s_5	8080	8753

在实际中，对于与上述五个 FTP 站点相关的服务质量属性，一些用户可能无法获得足够的可信数据。因此，用户对某些数值无法确定，导致的结果是收集到的服务质量数据是不完全的。如图 7.2 所示，随着时间（Time）的增加，可靠性急剧下降。当时间 t=1.8×10^3 s 时，五个 FTP 站点的可靠性均大于 11%。然而，当时间 t=1.8×10^4 s 时，只有服务 s_5 的可靠性还维持在接近于 11%。对于本章的案例研究，选取 30min 内的可靠性来对五个 FTP 站点进行评价。尽管平均故障间隔时间是在 5h 内实施测量的，但其数值可以用来计算 30min 内的可靠性。可靠性的计算仅仅将平均故障间隔时间作为一个参数。可用性、吞吐量、可靠性和延迟的原始数据分别在表 7.5～表 7.8 中列出。

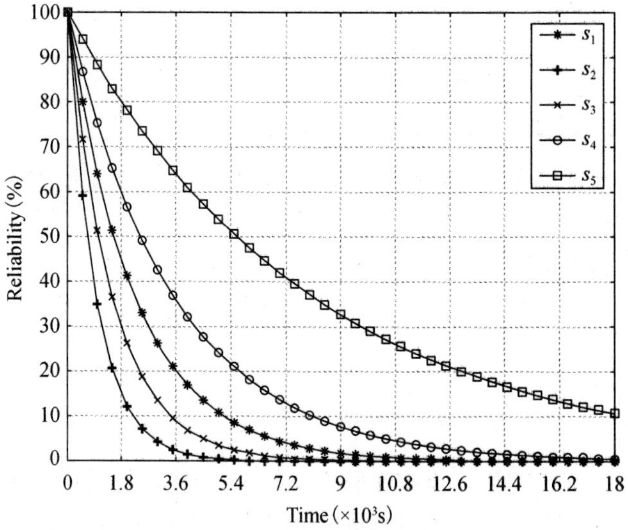

图 7.2　五个 FTP 站点的可靠性

表 7.5　可用性原始数据　　（单位：%）

站点＼用户	u_1	u_2	u_3	u_4	u_5	u_6	u_7	u_8	u_9	u_{10}
s_1		93.6		94.1	97.3			98.1	96.5	96.3
s_2	30.8		30.3		31.5	33.2	34.5		31.2	
s_3	63.2		64.3		62.9	65.5	64.9		63.8	

续表

用户 站点	u_1	u_2	u_3	u_4	u_5	u_6	u_7	u_8	u_9	u_{10}
s_4	49.5	49.2	46.8	47.9	48.2	48.8	48.5	50.2		47.3
s_5		50.5		52.1	46.8			47.2	48.1	

表 7.6　吞吐量原始数据　　（单位：调用次数/s）

用户 站点	u_1	u_2	u_3	u_4	u_5	u_6	u_7	u_8	u_9	u_{10}
s_1		0.85		0.96		0.95	1.15	1.21		0.92
s_2	0.52		0.58		0.69	0.65			0.62	0.71
s_3	0.91	0.78	0.82	0.85	0.88	0.90	0.76	0.87	0.75	
s_4		0.22		0.31		0.25	0.18	0.19		0.18
s_5			0.82		0.91	0.77			0.75	0.85

表 7.7　可靠性原始数据　　（单位：%）

用户 站点	u_1	u_2	u_3	u_4	u_5	u_6	u_7	u_8	u_9	u_{10}
s_1	43.6	45.9	46.8		45.7		44.8	47.1	45.8	
s_2		14.6	13.8	16.5	15.9	14.9	15.7		14.9	14.8
s_3	29.8	31.2		28.9		32.6	30.9			32.7
s_4	62.1		61.3	58.2	60.7		59.3	61.2	59.5	60.3
s_5	79.3			81.3		82.1	81.2	81.3		79.7

表 7.8　延迟原始数据　　（单位：ms）

用户 站点	u_1	u_2	u_3	u_4	u_5	u_6	u_7	u_8	u_9	u_{10}
s_1	101	134	159	147	117	119	107	117		121
s_2	75		86		93		79		86	
s_3	52		48		55	62	62	45	49	
s_4		259		236	291			220		263
s_5	68.2		72.5		60.1	59.6	59.3	64.8		

为了获得残缺判断矩阵，基于服务质量数据对五个FTP站点进行两两比较。由于服务质量数据是残缺的，比较的过程采用如下规则：

假设 s_i 和 s_j 是任意一对FTP站点。对于一个正比例服务质量属性 q_m，用户记录的 s_i 和 s_j 在服务质量属性 q_m 下的服务质量数据用集合 $U_{q_m s_i}$ 和 $U_{q_m s_j}$ 来表示。五个FTP站点在服务质量属性 q_m 下的残缺判断矩阵用 $\boldsymbol{M}_{q_m}=(a_{ij})$ 来表示。若 $\left|U_{q_m s_i} \cap U_{q_m s_j}\right| \geqslant 5$，则确定元

素 a_{ij} 是存在的；否则，元素 a_{ij} 是缺失的。当确定元素 a_{ij} 存在时，其计算方法如下：对于每个用户 $u_k \in U_{q_m s_i} \cap U_{q_m s_j}$，取集合 $U_{q_m s_i} \cap U_{q_m s_j}$ 中所有用户记录的服务质量数据的平均值，即

$$a_{ij}=\frac{\left(\sum_{u_k \in U_{q_m s_i} \cap U_{q_m s_j}} d_{q_m u_k s_i}\right) / \left|U_{q_m s_i} \cap U_{q_m s_j}\right|}{\left(\sum_{u_k \in U_{q_m s_i} \cap U_{q_m s_j}} d_{q_m u_k s_j}\right) / \left|U_{q_m s_i} \cap U_{q_m s_j}\right|}=\frac{\sum_{u_k \in U_{q_m s_i} \cap U_{q_m s_j}} d_{q_m u_k s_i}}{\sum_{u_k \in U_{q_m s_i} \cap U_{q_m s_j}} d_{q_m u_k s_j}} \tag{7-22}$$

其中 $d_{q_m u_k s_i}$ 表示 s_i 在服务质量属性 q_m 下的服务质量数据，且该数据由用户 u_k 提供。当元素 a_{ij} 缺失时，有 $a_{ij}=0$。

相反地，当 q_m 是一个反比例服务质量属性时，a_{ij} 的计算方法为

$$a_{ij}=\frac{\left(\sum_{u_k \in U_{q_m s_i} \cap U_{q_m s_j}} d_{q_m u_k s_j}\right) / \left|U_{q_m s_i} \cap U_{q_m s_j}\right|}{\left(\sum_{u_k \in U_{q_m s_i} \cap U_{q_m s_j}} d_{q_m u_k s_i}\right) / \left|U_{q_m s_i} \cap U_{q_m s_j}\right|}=\frac{\sum_{u_k \in U_{q_m s_i} \cap U_{q_m s_j}} d_{q_m u_k s_j}}{\sum_{u_k \in U_{q_m s_i} \cap U_{q_m s_j}} d_{q_m u_k s_i}} \tag{7-23}$$

在对收集到的服务质量数据进行计算后，将综合结果用残缺判断矩阵的形式来表示。可用性、吞吐量、可靠性和延迟的残缺判断矩阵为

$$\begin{aligned}
&\boldsymbol{M}_{q_1}=\begin{pmatrix} 1 & 0 & 0 & 2 & 2 \\ 0 & 1 & \frac{1}{2} & \frac{2}{3} & 0 \\ 0 & 2 & 1 & \frac{4}{3} & 0 \\ \frac{1}{2} & \frac{3}{2} & \frac{3}{4} & 1 & 0 \\ \frac{1}{2} & 0 & 0 & 0 & 1 \end{pmatrix},\ \boldsymbol{M}_{q_2}=\begin{pmatrix} 1 & 0 & \frac{5}{4} & 5 & 0 \\ 0 & 1 & \frac{3}{4} & 0 & \frac{3}{4} \\ \frac{4}{5} & \frac{4}{3} & 1 & 4 & 0 \\ \frac{1}{5} & 0 & \frac{1}{4} & 1 & 0 \\ 0 & \frac{4}{3} & 0 & 0 & 1 \end{pmatrix} \\
&\boldsymbol{M}_{q_3}=\begin{pmatrix} 1 & 3 & 0 & \frac{3}{4} & 0 \\ \frac{1}{3} & 1 & \frac{1}{2} & \frac{1}{4} & 0 \\ 0 & 2 & 1 & 0 & \frac{1}{3} \\ \frac{4}{3} & 4 & 0 & 1 & \frac{2}{3} \\ 0 & 0 & 3 & \frac{3}{2} & 1 \end{pmatrix},\ \boldsymbol{M}_{q_4}=\begin{pmatrix} 1 & 0 & \frac{1}{5} & 2 & \frac{1}{2} \\ 0 & 1 & \frac{3}{5} & 0 & 0 \\ 5 & \frac{5}{3} & 1 & 0 & \frac{5}{4} \\ \frac{1}{2} & 0 & 0 & 1 & 0 \\ 2 & 0 & \frac{4}{5} & 0 & 1 \end{pmatrix}
\end{aligned} \tag{7-24}$$

在有向赋权图 $P(M_{q_1})$、$P(M_{q_2})$ 和 $P(M_{q_4})$ 中分别仅有一个环，这三个环为 $C_{M_{q_1}}^3=s_2s_3s_4s_2$、$C_{M_{q_2}}^3=s_1s_3s_4s_1$ 和 $C_{M_{q_4}}^3=s_1s_3s_5s_1$，它们对应的权值分别为 $w(C_{M_{q_1}}^3)=1$、

$w(C_{M_{q2}}^3)=1$ 和 $w(C_{M_{q4}}^3)=1/2$。有向赋权图 $P(M_{q3})$ 中有三个环：$C_{M_{q3}}^3=s_1s_2s_4s_1$、$C_{M_{q3}}^4=s_2s_3s_5s_4s_2$ 和 $C_{M_{q3}}^5=s_1s_2s_3s_5s_4s_1$，它们的权值分别为 $w(C_{M_{q3}}^3)=1$、$w(C_{M_{q3}}^4)=1$ 和 $w(C_{M_{q3}}^5)=1$。因此，矩阵 $\boldsymbol{M}_{q_1}$、$\boldsymbol{M}_{q_2}$ 和 $\boldsymbol{M}_{q_3}$ 是一致的。由 7.3.2 节阐述的最小二乘法，可以获得五个 FTP 站点在可用性、吞吐量和可靠性三个方面的优先级的归一化排序：

$$\boldsymbol{W}_{q_1}=(0.3333,0.1111,0.2222,0.1667,0.1667)^{\mathrm{T}} \tag{7-25}$$

$$\boldsymbol{W}_{q_2}=(0.2941,0.1765,0.2353,0.0588,0.2353)^{\mathrm{T}} \tag{7-26}$$

$$\boldsymbol{W}_{q_1}=(0.1875,0.0625,0.1250,0.2500,0.3750)^{\mathrm{T}} \tag{7-27}$$

由于 $w(C_{M_{q4}}^3)=1/2$，矩阵 $\boldsymbol{M}_{q_4}$ 是不一致的，因此五个 FTP 站点在服务质量属性延迟下的两两比较结果需要进行修正。对矩阵 $\boldsymbol{M}_{q_4}$ 进行如下调整：令 $a_{13}=2/5$ 和 $a_{31}=5/2$，则有

$$\boldsymbol{M}_{q_4}{}'=\begin{pmatrix} 1 & 0 & \frac{2}{5} & 2 & \frac{1}{2} \\ 0 & 1 & \frac{3}{5} & 0 & 0 \\ \frac{5}{2} & \frac{5}{3} & 1 & 0 & \frac{5}{4} \\ \frac{1}{2} & 0 & 0 & 1 & 0 \\ 2 & 0 & \frac{4}{5} & 0 & 1 \end{pmatrix} \tag{7-28}$$

有向赋权图 $P(M_{q_4}{}')$ 仅有一个环 $C_{M_{q4}'}^3=s_1s_3s_5s_1$，其权值为 $w(C_{M_{q4}'}^3)=1$。因此，矩阵 $\boldsymbol{M}_{q_4}{}'$ 是一致的。那么五个 FTP 站点在服务质量属性延迟下的优先级的归一化排序为

$$\boldsymbol{W}_{q_4}{}'=(0.1333,0.2000,0.3333,0.0667,0.2667)^{\mathrm{T}} \tag{7-29}$$

为了后续更好地对排序结果进行集成，用如下矩阵来表示五个 FTP 站点在四个服务质量属性下的排序结果：

$$\boldsymbol{R}=(\boldsymbol{W}_{q_1},\boldsymbol{W}_{q_2},\boldsymbol{W}_{q_3},\boldsymbol{W}_{q_4}{}') \tag{7-30}$$

用户对四个服务质量属性的偏好权值的获取方法如下，分别咨询 10 个用户对四个服务质量属性的看重程度。用户的意见由百分比来体现，四个服务质量属性所占百分比之和为 100%，详细结果见表 7.9。

表 7.9　服务质量属性的重要程度　　（单位：%）

服务质量属性 \ 用户	u_1	u_2	u_3	u_4	u_5	u_6	u_7	u_8	u_9	u_{10}
q_1		20	15	20		20		15	20	20
q_2	5			10	5	5	8	5	5	
q_3	25			20		35	32	30	25	30
q_4		45	45	50	43	40		50	50	

由于表 7.9 中的信息是残缺的，因此同样使用前述方法进行处理。经过两两比较后，可得四个服务质量属性的残缺判断矩阵为

$$\boldsymbol{M}_q=\begin{pmatrix} 1 & 0 & \frac{3}{5} & \frac{3}{8} \\ 0 & 1 & \frac{1}{5} & \frac{1}{8} \\ \frac{5}{3} & 5 & 1 & 0 \\ \frac{8}{3} & 8 & 0 & 1 \end{pmatrix} \tag{7-31}$$

有向赋权图 $P(M_q)$ 中仅有一个环：$C_{M_q}^4=q_1q_3q_2q_4q_1$，其权值为 $w(C_{M_q}^4)=1$。因此，矩阵 $\boldsymbol{M}_q$ 是一致的。通过计算，可得四个服务质量属性优先级的归一化排序为 $\boldsymbol{W}_q=(0.1765,0.0588,0.2941,0.4706)^{\mathrm{T}}$。向量 $\boldsymbol{W}_q$ 表明延迟是用户最为看重的服务质量属性。因此，一个可容忍的响应时间在服务选择过程中起主要作用。重要程度位居第二的服务质量属性是可靠性，其后是可用性。在实际中，用户很少持续地使用某个网络服务。但是一旦用户决定使用某个服务，那么它就应该越可靠越好。因此，相比可用性，用户更看重可靠性。用户最不关心的服务质量属性是吞吐量。在绝大多数情况下，与一个普通用户相关的流量大小远远小于一个网络服务的吞吐量。五个 FTP 站点在上述四个服务质量属性下的排序向量用 $\boldsymbol{Z}$ 表示，则有

$$\boldsymbol{Z}=\boldsymbol{R}\times\boldsymbol{W}_q=(0.1940,0.1425,0.2467,0.1378,0.2791)^{\mathrm{T}} \tag{7-32}$$

向量 $\boldsymbol{Z}$ 的元素之和为 1，向量 $\boldsymbol{Z}$ 从本质上说是一个归一化向量，其计算过程保证了这个特性，具体的证明不属于本书的讨论范围，感兴趣的读者可以自行推导和证明。由归一化向量 $\boldsymbol{Z}$ 可知，五个 FTP 站点中位于厦门市的 ftp.xmu.edu.cn 是最适合用户的。

7.5 本章小结

层次分析法理论自诞生起就被广泛应用到各个领域，该理论的可用性和灵活性使得大量不同应用场景中的决策问题迎刃而解。判断矩阵是层次分析法理论的核心，判断矩阵通过对事物进行两两比较来获得。在传统层次分析法中，判断矩阵是完全的。因此，人们能够很容易地完成后续的排序。然而，残缺判断矩阵在实际中极为常见。本章提出了改进的层次分析法来处理残缺判断矩阵，给出了残缺判断矩阵可接受的条件，并提出检验可接受的残缺判断矩阵一致性的方法，用来确定排序结果的事物的权值通过最小二乘法来获得。在 7.4 节中的案例研究展示了本章提出的方法在网络服务选择领域的实际应用。由于在最小二乘法中涉及解齐次线性方程组，因此在未来的工作中，应当尝试寻找更好的替代方法，进而避免求解线性方程组。

第8章 总结与展望

8.1 总　结

本书针对网络服务发现问题进行了研究。在对服务质量模型、服务发现方式及服务发现体系结构进行分析的基础上，充分研究了现有的服务发现技术。本书针对不同的网络环境及应用场景，阐述了各类服务发现方案的利弊，分析了存在的问题，提出了分布式环境下服务发现网络中的流量控制模型，设计了协同服务质量感知的服务选择方法。针对数字社区网络，在低连接开销的前提下，提出了能够获得全体用户总的服务选择方案的 k 中点设施位置代理模型。针对移动自组织网络中节点移动性对服务发现造成的各种负面影响，进行了全面的分析并提出了针对性的解决措施，形成了灵活的、自治的服务发现体系结构。针对残缺判断矩阵的一致性检验和后续的排序提出了对层次分析法的改进，该方法能够应对信息不足的情况，并且其继承了传统层次分析法的所有优点。

现将本书的研究成果和创新之处总结如下：

1）针对服务发现领域已有工作缺乏对流量建模的问题，本书提出了分布式环境下服务发现的流量控制模型。该模型通过节点内部五个队列操作的描述来刻画节点的行为，由服务查询消息和服务应答消息的处理过程切入，阐述了节点内部的消息处理流程。基于五个队列的操作从节点的角度对服务发现的可获得性和延迟进行了建模，并提出流量控制模块来对与节点相关的流量进行调控。针对节点的查询队列、应答队列和转发队列，设计了不同的流量控制策略。通过改变上述三个队列的优先级来探索不同的流量控制策略对整个网络发现的可获得性和延迟产生的影响。

2）针对同质化的服务用基于功能属性的服务发现方法无法获得较好服务发现性能的问题，充分考虑了普通用户的非专业化与偏好的个体差异，本书基于层次分析法提出了协同服务质量感知的服务选择方法。用户的偏好被映射至层次分析法的层次化结构中，由各个准则的权值来体现。网络服务的服务质量数据由过往使用者的服务体验给出，针对不可避免的恶意用户和偏见用户，引入了信任阈值来提供信誉管理，确保服务质量数据收集自可信的用户。此外，运用统计分析方法将离群值排除，进而提升服务质量数据的可靠性。最后通过对所收集到的服务质量数据进行聚合来选出候选服务中收益花费比最高的服务。

3）针对数字社区网络中的用户在参与社区化的协同服务发现机制时面临大量额外负担的问题，本书独辟蹊径地考虑从数字社区网络管理者的角度为整个用户群体提供总的服务选择方案，提出了 k 中点设施位置代理模型。该模型通过五类实体和六类消息来分析数字社区网络中服务选择的过程，具体涉及服务的注册、更新、删除、选择和使用。

本书提出了局部搜索算法和贪心算法来减少数字社区网络中服务请求者与部署有服务的设施之间总的连接开销，围绕连接到数字社区网络的设施个数和发送给 k 中点设施位置代理的并发服务需求个数这两个重要参数，进行了大量实验对局部搜索算法和贪心算法进行评估。通过对实验结果的分析，本书给出了在数字社区网络中总的连接开销与连接至数字社区网络的设施个数之间进行折中的依据。

4）针对移动自组织网络中节点的移动性给服务发现带来的诸多负面影响，本书提出一种自治的动态服务发现体系结构，该体系结构能够根据移动自组织网络的状态来对自身的各项参数进行调整，并对服务发现的工作模式在基于目录的模式与无目录的模式之间进行自主切换。本书在介绍时首先描述了网络模型，并给出了统一的服务信息管理机制。在基于目录的模式下，介绍了服务的注册和注销，并对服务查询所需键值的生成方案和查找方法进行了描述。本书设计了方向探测算法、局部位置优化算法和全局位置优化算法来进行节点隐私保护和拓扑控制。此外，还设计了功能调控算法来实现节点能量节约，进而延长服务发现网络的生命期。在无目录的模式下，引入了两跳区域机制来分析服务发现的过程，并对节点的连通性进行描述，随后对整个网络的连通性水平进行建模。通过引入监测令牌来监测移动自组织网络的状态和各项参数，使得网络中的信息更新和状态收集能够高效地进行，更重要的是为自主的模式切换提供了操作依据。

5）针对传统层次分析法无法应对残缺判断矩阵的情况，本书提出改进的层次分析法来完成残缺判断矩阵情况下的一致性分析和后续的排序。针对残缺判断矩阵的一致性分析，本书提出了残缺判断矩阵中元素邻接与可导出的定义、残缺判断矩阵可接受的定义、残缺判断矩阵是否可约的定义及残缺判断矩阵不可约的充分必要条件，详细阐述了残缺判断矩阵的可接受性与不可约性之间的关系。根据上述分析基础，本书进一步引入有向赋权图来进行残缺判断矩阵的一致性分析，对有向赋权图中的路径和环进行定义，由有向赋权图中所有环的权值来判断其所对应的残缺判断矩阵是否是一致的。最终采用最小二乘法通过残缺判断矩阵来获得事物归一化的优先级排序。本书对传统层次分析法的改进能够应对信息不足的情况，同时继承了传统层次分析法所有的优点。本书通过对实际生活中的一个详尽案例进行分析来说明该方法的有效性。

8.2 展　望

尽管本书针对服务发现领域进行了全面的研究，并取得了一系列初步成果，但是还存在改进的空间。现对本书的不足进行总结，并给出未来的研究方向。

1）本书针对分布式环境下的服务发现提出了流量控制模型，其通过对节点中三个队列的操作应用不同的流量控制策略来分析整个网络的服务可获得性和延迟，缺乏对消息开销的建模与研究。此外，现实中的服务查询消息和服务应答消息有时会具有不同的优先级，用来表征消息的紧急程度。本书的模型在针对队列的入队和出队操作进行调控时没有考虑上述情况。另外，为了进行更细致的研究，转发队列应当对服务查询消息和服务应答消息进行区分。

2）对于协同服务质量感知的服务选择方法，有必要设计专用的分布式通信协议来使用户高效便捷地获取其他用户的服务质量数据。此外，鉴于识别恶意用户和偏见用户的重要性，上述专用的分布式通信协议还需要包含对应的信誉评价机制。

3）针对数字社区网络中的服务发现，本书提出了两种算法在低连接开销的前提下为网络的全体用户得出总的服务选择结果，并通过实验分析给出了书中模型的两个重要参数的折中依据。在未来的工作中，需要引入更多的动态因素来探讨它们对服务发现有效性的影响。动态因素如服务信息的更新和设施的失效，前者可能导致服务发现的结果具有滞后性，后者可能导致服务发现结果对用户失去实际意义。

4）本书提出的自治的动态服务发现体系结构虽然能够应对移动自组织网络中的潜在问题，但是仍然需要进一步提高服务发现的性能。具体来说，服务可获得性在模式切换的前后处于低谷，尽管该现象不可避免，但是可以尝试做出改进来缓解其严重程度。此外，如何科学高效地确定服务查询频率的经验阈值也是一个研究热点。

5）层次分析法理论的可用性和灵活性使得大量不同应用场景中的决策问题迎刃而解。在传统层次分析法中，判断矩阵是完全的，而现实生活中残缺判断矩阵极为常见。本书对传统层次分析法进行改进来处理残缺判断矩阵，提出了检验可接受的残缺判断矩阵一致性的方法，通过最小二乘法来获得确定事物排序结果的权值。然而，在最小二乘法中涉及解齐次线性方程组。后期的研究工作中应当尝试寻找更好的替代方法，避免求解线性方程组。

参考文献

[1] KELLY K. We are the web[J]. Wired Magazine, 2005, 13(8): 113-123.

[2] O'SULLIVAN J, EDMOND D, HOFSTEDE A T. What's in a service[J]. Distributed and Parallel Databases, 2002, 12(2-3): 117-133.

[3] HAAS H, BROWN A. Web services glossary[EB/OL]. (2004-02-11)[2017-09-04]. http://www.w3.org/TR/2004/NOTE-ws-gloss-20040211/.

[4] LIN S Y, LAI C H, WU C H, et al. A trustworthy QoS-based collaborative filtering approach for web service discovery[J]. Journal of Systems and Software, 2014, 93: 217-228.

[5] Web Services Specifications Index Page[EB/OL]. [2017-09-04]. http://msdn.microsoft.com/en-us/library/ms951274.aspx.

[6] Web Services Standards as of Q1 2007[EB/OL]. [2017-09-04]. https://www.innoq.com/resources/ws-standards-poster.

[7] BOOTH D, HAAS H, MCCABE F, et al. Web services architecture[EB/OL]. (2004-02-11)[2017-09-04]. http://www. w3. org/TR/2004/NOTE-ws-arch-20040211/.

[8] LEUNG A, MITCHELL C J. A service discovery threat model for ad hoc networks[C]. International Conference on Security and Cryptography, 2006: 167-174.

[9] ALHAJJ R, ROKNE J. Encyclopedia of social network analysis and mining[M]//KLUSCH M. Service discovery. New York: Springer, 2014: 1707-1717.

[10] D'MELLO D A, ANANTHANARAYANA V S. A review of dynamic web service description and discovery techniques[C]. International Conference on Integrated Intelligent Computing (ICIIC), 2010: 246-251.

[11] SREENATH R M, SINGH M P. Agent-based service selection[J]. Web Semantics: Science, Services and Agents on the World Wide Web, 2004, 1(3): 261-279.

[12] KRITIKOS K, PERNICI B, PLEBANI P, et al. A survey on service quality description[J]. ACM Computing Surveys (CSUR), 2013, 46(1): 1.

[13] CARDOSO J, SHETH A P. Semantic web services, processes and applications [M]// CLARO D B, ALBERS P, HAO J K. Web services composition. New York: Springer, 2006: 195-225.

[14] KLUSCH M, KAPAHNKE P. The iSeM matchmaker: a flexible approach for adaptive hybrid semantic service selection[J]. Web Semantics: Science, Services and Agents on the World Wide Web, 2012, 15: 1-14.

[15] AFIFY Y M, MOAWAD I F, BADR N L, et al. A semantic-based Software-as-a-Service (SaaS) discovery and selection system[C]. International Conference on Computer Engineering & Systems (ICCES), 2013: 57-63.

[16] JAYAPRAKASH C, YAAMINI S K, MAHESWARI V. Semantic service selection using genetic algorithm[C]. IEEE Conference on Information & Communication Technologies (ICT), 2013: 1274-1277.

[17] 王玉祥，乔秀全，李晓峰，等. 上下文感知的移动社交网络服务选择机制研究[J]. 计算机学报，2010，33(11):2126-2135.

[18] ZHANG M, LIU C, YU J, et al. A correlation context-aware approach for composite service selection[J]. Concurrency and Computation: Practice and Experience, 2013, 25(13): 1909-1927.

[19] SUROBHI N A, JAMALIPOUR A. A context-aware M2M-based middleware for service selection in mobile ad-hoc networks[J]. IEEE Transactions on Parallel and Distributed Systems, 2014, 25(12): 3056-3065.

[20] KHANFIR E, HOG C E, DJMEAA R B, et al. A web service selection framework based on user's context and QoS[C]. IEEE International Conference on Web Services (ICWS), 2014: 708-711.

[21] QU L, WANG Y, ORGUN M, et al. Context-aware cloud service selection based on comparison and aggregation of user subjective assessment and objective performance assessment[C]. IEEE International Conference on Web Services (ICWS), 2014: 81-88.

[22] HANG C W, SINGH M P. Trustworthy service selection and composition[J]. ACM Transactions on Autonomous and Adaptive Systems (TAAS), 2011, 6(1): 5.

[23] MEHDI M, BOUGUILA N, BENTAHAR J. Trustworthy web service selection using probabilistic models[C]. IEEE International Conference on Web Services (ICWS), 2012: 17-24.

[24] LIU G, WANG Y, ORGUN M A, et al. Finding the optimal social trust path for the selection of trustworthy service providers in complex social networks[J]. IEEE Transactions on Services Computing, 2013, 6(2): 152-167.

[25] 杜瑞忠，田俊峰，张焕国. 基于信任和个性偏好的云服务的选择模型[J]. 浙江大学学报(工学版)，2013，47(1):53-61.

[26] WANG S, HUANG L, HSU C H, et al. Collaboration reputation for trustworthy web service selection in social networks[J]. Journal of Computer and System Sciences, 2016, 82(1): 130-143.

[27] CAVALCANTI D J M, SOUZA F N, ROSA N S. Adaptive and dynamic quality-aware service selection[C]. EUROMICRO International Conference on Parallel, Distributed and Network-Based Processing (PDP), 2013: 323-327.

[28] 胡建强，李涓子，廖桂平. 一种基于多维服务质量的局部最优服务选择模型[J]. 计算机学报，2010，33(3):526-534.

[29] REHMAN Z U, HUSSAIN O K, HUSSAIN F K. Multi-criteria IaaS service selection based on QoS history[C]. IEEE International Conference on Advanced Information Networking and Applications (AINA), 2013: 1129-1135.

[30] WANG S, HSU C H, LIANG Z, et al. Multi-user web service selection based on multi-QoS prediction[J]. Information Systems Frontiers, 2014, 16(1): 143-152.

[31] GAO C, MA J. A k-median facility location agent for low-cost service selection in digital community network[J]. China Communications, 2014, 11(11): 174-186.

[32] ZHAO L, REN Y, LI M, et al. Flexible service selection with user-specific QoS support in service-oriented architecture[J]. Journal of Network and Computer Applications, 2012, 35(3): 962-973.

[33] WU J, CHEN L, FENG Y, et al. Predicting quality of service for selection by neighborhood-based collaborative filtering[J]. IEEE Transactions on Systems, Man, and Cybernetics: Systems, 2013, 43(2): 428-439.

[34] CHHUN S, MOALLA N, OUZROUT Y. QoS ontology for service selection and reuse[J]. Journal of Intelligent Manufacturing, 2016, 27(1): 187-199.

[35] ZHAO X, WEN Z, LI X. QoS-aware web service selection with negative selection algorithm[J]. Knowledge and Information Systems, 2014, 40(2): 349-373.

[36] SILVA A S D, MA H, ZHANG M. A graph-based particle swarm optimisation approach to QoS-aware web service composition and selection[C]. IEEE Congress on Evolutionary Computation (CEC), 2014: 3127-3134.

[37] ZHENG Z, ZHANG Y, LYU M R. Investigating QoS of real-world web services[J]. IEEE Transactions on Services Computing, 2014, 7(1): 32-39.

[38] ZHENG H, YANG J, ZHAO W. QoS analysis in service oriented computing[M]// BOUGUETTAYA A, SHENG Q Z, DANIEL F. Web services foundations. New York: Springer, 2014:347-373.

[39] JAEGER M C, ROJEC-GOLDMANN G, MUHL G. QoS aggregation for web service composition using workflow patterns[C]. IEEE International Enterprise Distributed Object Computing Conference, 2004: 149-159.

[40] ZENG L, BENATALLAH B, NGU A H H, et al. QoS-aware middleware for web services composition[J]. IEEE Transactions on Software Engineering, 2004, 30(5): 311-327.

[41] CARDOSO J, SHETH A, MILLER J, et al. Quality of service for workflows and web service processes[J]. Web Semantics: Science, Services and Agents on the World Wide Web, 2004, 1(3): 281-308.

[42] ROSARIO S, BENVENISTE A, HAAR S, et al. Probabilistic QoS and soft contracts for transaction-based web services orchestrations[J]. IEEE Transactions on Services Computing, 2009, 1(4): 187-200.

[43] KRITIKOS K, PLEXOUSAKIS D. Requirements for QoS-based web service description and discovery[J]. IEEE Transactions

on Services Computing, 2009, 2(4): 320-337.

[44] GUNTHER N J. The Practical Performance Analyst[M]. Lincoln: Authors Choice Press, 2000.

[45] OSKOOEI M A, DAUD S M. Quality of service (QoS) model for web service selection[C]. International Conference on Computer, Communications, and Control Technology (I4CT), 2014: 266-270.

[46] ZENG L, BENATALLAH B, DUMAS M, et al. Quality driven web services composition[C]. Proceedings of the 12th international conference on World Wide Web, 2003: 411-421.

[47] AL-MASRI E, MAHMOUD Q H. Toward quality-driven web service discovery[J]. IT Professional, 2008, 10(3): 24-28.

[48] RAO R. Integration of on-demand service and route discovery in mobile ad hoc network[D]. Raleigh: North Carolina State University, 2004.

[49] TOH K. Ad hoc mobile wireless networks: protocols and systems[M]. New York: Pearson Education, 2001.

[50] GUICHAL G, TOH C K. An evaluation of centralized and distributed service location protocols for pervasive wireless networks[C]. IEEE International Symposium on Personal, Indoor and Mobile Radio Communications, 2001, 2: E-55-E-61.

[51] VERVERIDIS C N, POLYZOS G C. Service discovery for mobile ad hoc networks: a survey of issues and techniques[J]. IEEE Communications Surveys & Tutorials, 2008, 10(3): 30-45.

[52] BELLWOOD T, EHNEBUSKE D, MCKEE B, et al. UDDI Version 2.03 Data Structure Reference UDDI Committee Specification, 19 July 2002[S]. OASIS Open, 2002: 1-37.

[53] CRASSO M, ZUNINO A, CAMPO M. Easy web service discovery: a query-by-example approach[J]. Science of Computer Programming, 2008, 71(2): 144-164.

[54] WANG Y, STROULIA E. Flexible interface matching for web-service discovery[C]. Proceedings of the 4th International Conference on Web Information Systems Engineering, 2003: 147-156.

[55] PARK Y, JUNG W, LEE B, et al. Automatic discovery of web services based on dynamic black-box testing[C]. Computer Software and Applications Conference, 33rd Annual IEEE International, 2009, 1: 107-114.

[56] YUN B, YAN J, LIU M. Behavior-based web services matchmaking[C]. IFIP International Conference on Network and Parallel Computing, 2008: 483-487.

[57] Wu C, Chang E. Searching services "on the web": a public web services discovery approach[C]. IEEE 3rd International Conference on Signal-Image Technologies and Internet-Based System, 2007: 321-328.

[58] SONG H, CHENG D, MESSER A, et al. Web service discovery using general-purpose search engines[C]. IEEE International Conference on Web Services (ICWS), 2007: 265-271.

[59] YE L, ZHANG B. Discovering web services based on functional semantics[C]. Services Computing, IEEE Asia-Pacific Conference on Services Computing, 2006: 348-355.

[60] JI X. Research on web service discovery based on domain ontology[C]. IEEE 2nd International Conference on Computer Science and Information Technology, 2009: 65-68.

[61] ZHANG P, LI J. Ontology assisted web services discovery[C]. Service-Oriented System Engineering, IEEE International Workshop, 2005: 45-50.

[62] NAMGOONG H, CHUNG M, KIM K, et al. Effective semantic web services discovery using usability[C]. The 8th International Conference Advanced Communication Technology, 2006, 3: 5,2203.

[63] BIRUKOU A, BLANZIERI E, D'ANDREA V, et al. Improving web service discovery with usage data[J]. IEEE Software, 2007, 24(6): 47-54.

[64] HUANG C L, LO C C, CHAO K M, et al. Reaching consensus: a moderated fuzzy web services discovery method[J]. Information and Software Technology, 2006, 48(6): 410-423.

[65] HE Q, YAN J, YANG Y, et al. A decentralized service discovery approach on Peer-to-Peer networks[J]. IEEE Transactions on

Services Computing, 2013, 6(1): 64-75.

[66] MASTROIANNI C, PAPUZZO G. A self-organizing P2P framework for collective service discovery[J]. Journal of Network and Computer Applications, 2014, 39: 214-222.

[67] LIN W, DOU W, XU Z, et al. A QoS-aware service discovery method for elastic cloud computing in an unstructured Peer-to-Peer network[J]. Concurrency and Computation: Practice and Experience, 2013, 25(13): 1843-1860.

[68] MOKADEM R, MORVAN F, GUEGAN C G, et al. DSD: a DaaS service discovery method in P2P environments[M]// CATANIA B, CERQUITELLI T, CHIUSANO S, et al. New trends in databases and information systems. New York: Springer, 2014: 129-137.

[69] ZHANG Y, HE H, TENG J. Chord-based semantic service discovery with QoS[C]. 5th International Conference on Measuring Technology and Mechatronics Automation (ICMTMA), 2013: 365-367.

[70] WANG S, ZHU X, SUN Q, et al. Low-cost web service discovery based on distributed decision tree in P2P environments[J]. Wireless Personal Communications, 2013, 73(4): 1477-1493.

[71] XU F, ZHANG S. Research on semantic based distributed service discovery in P2P environments/networks[M]//WONG W E, MA T. Emerging technologies for information systems, computing, and management. New York: Springer, 2013:239-246.

[72] PALMIERI F. Scalable service discovery in ubiquitous and pervasive computing architectures: a percolation-driven approach[J]. Future Generation Computer Systems, 2013, 29(3): 693-703.

[73] ZHANG W, ZHANG S, QI F, et al. Self-organized P2P approach to manufacturing service discovery for cross-enterprise collaboration[J]. IEEE Transactions on Systems, Man, and Cybernetics: Systems, 2014, 44(3): 263-276.

[74] KARIMI M, KHAYYAMBASHI M R. A survey of web service discovery considering non-functional requirements[J]. International Journal Computer Communication Engineering Research, 2015, 3(3): 41-45.

[75] CHAINBI W. A multi-criteria approach for web service discovery[J]. Procedia Computer Science, 2012, 10: 609-616.

[76] KHUTADE P, PHALNIKAR R. QoS based web service discovery using oo concepts[J]. International Journal of Advanced Technology & Engineering Research (IJATER), 2012, 2(6): 81-86.

[77] WU C. WSDL term tokenization methods for IR-style web services discovery[J]. Science of Computer Programming, 2012, 77(3): 355-374.

[78] LIN S Y, LAI C H, WU C H, et al. A trustworthy QoS-based mechanism for web service discovery based on collaborative filtering[C]. 5th International Conference on Ubiquitous and Future Networks (ICUFN), 2013: 71-76.

[79] TAO Q, CHANG H, GU C, et al. A novel prediction approach for trustworthy QoS of web services[J]. Expert Systems with Applications, 2012, 39(3): 3676-3681.

[80] SHAMILA E S. Web services selection with QoS parameters using particle swarm algorithm[J]. International Journal of Advanced Engineering and Global Technology (IJAEGT), 2013:1(4)237-240.

[81] Gao C, Ma J. A collaborative QoS-aware service evaluation method for service selection[J]. Journal of Networks, 2013, 8(6): 1370-1379.

[82] LIN D, SHI C, ISHIDA T. Dynamic service selection based on context-aware QoS[C]. IEEE 9th International Conference on Services Computing, 2012: 641-648.

[83] RATHORE M, SUMAN U. An ARSM approach using PCB-QoS classification for web services: a multi-perspective view[C]. International Conference on Advances in Computing, Communications and Informatics (ICACCI), 2013: 165-171.

[84] RAN S. A model for web services discovery with QoS[J]. ACM SIGecom Exchanges, 2003, 4(1): 1-10.

[85] HUANG A F M, LAN C W, YANG S J H. An optimal QoS-based web service selection scheme[J]. Information Sciences, 2009, 179(19): 3309-3322.

[86] ARTAIL H, SAFA H, SALAMEH P, et al. Quality-of-service-aware cluster-based service discovery approach for mobile ad

hoc networks[J]. International Journal of Communication Systems, 2014, 27(11): 3107-3127.

[87] RONG W, LIU K. A survey of context aware web service discovery: from user's perspective[C]. IEEE 5th International Symposium on Service Oriented System Engineering (SOSE), 2010: 15-22.

[88] GHASEMI V, HAGHIGHI H. A method for context aware web service discovery[C]. Proceedings of the 2014 International Conference on Communications, Signal Processing and Computers. 2014: 167-171.

[89] BUTT T A, PHILLIPS I, GUAN L, et al. Adaptive and context-aware service discovery for the internet of things[M]// BALANDIN S, ANDREEV S, KOUCHERYAVY S. Internet of things, smart spaces, and next generation networking. Berlin Heidelberg: Springer, 2013:36-47.

[90] ELGAZZAR K, HASSANEIN H S, MARTIN P. DaaS: cloud-based mobile web service discovery[J]. Pervasive and Mobile Computing, 2014, 13: 67-84.

[91] MA J, ZHANG Y, HE J. Efficiently finding web services using a clustering semantic approach[C]. Proceedings of the 2008 International Workshop on Context Enabled Source and Service Selection, Integration and Adaptation: Organized with the 17th International World Wide Web Conference (WWW 2008), 2008: 1-8.

[92] HOFMANN T. Probabilistic latent semantic analysis[C]. Proceedings of the 15th Conference on Uncertainty in Artificial Intelligence, 1999: 289-296.

[93] BURSTEIN M H, HOBBS J R, LASSILA D, et al. DAML-S:web service description for the semantic web[M]//HORROCKS I, HENDLER J A. The semantic web: ISWC 2002. Berlin Heidelberg: Springer, 2002: 348-363.

[94] MARTIN D, PAOLUCCI M, MCILRAITH S, et al. Bringing semantics to web services: the OWL-S approach[M]//CARDOSO J, SHETH A. Semantic web services and web process composition. Berlin Heidelberg: Springer, 2005: 26-42.

[95] AKKIRAJU R, FARRELL J, MILLER J A, et al. Web service semantics-WSDL-S[EB/OL]. [2017-09-04]. http://corescholar.libraries.wright.edu/knoesis/69.

[96] BRUIJN J D, LAUSEN H, POLLERES A, et al. The web service modeling language WSML: an overview[M]//SURE Y, DOMINGUE J. The semantic web: research and applications. Berlin Heidelberg: Springer, 2006: 590-604.

[97] SIVASHANMUGAM K, VERMA K, SHETH A P, et al. Adding semantics to web services standards[EB/OL]. [2017-09-04]. http://corescholar.libraries.wright.edu/knoesis/687.

[98] VIJAYAN A S, BALASUNDARAM S R. Effective web-service discovery using *k*-means clustering[M]//HOTA C, SRIMANI P K. Distributed computing and internet technology. Berlin Heidelberg: Springer, 2013: 455-464.

[99] SELLAMI S, BOUCELMA O. Towards a flexible schema matching approach for semantic web service discovery[C]. IEEE 20th International Conference on Web Services (ICWS), 2013: 611-612.

[100] PARK J C, CHOI M S, LEE B J, et al. Distributed semantic service discovery for MANET[C]. IEEE 10th International Conference on Ubiquitous Intelligence & Computing & IEEE International Conference on Autonomic & Trusted Computing (UIC/ATC), 2013,6(6): 515-520.

[101] NGAN L D, KANAGASABAI R. Semantic web service discovery: state-of-the-art and research challenges[J]. Personal and Ubiquitous Computing, 2013, 17(8): 1741-1752.

[102] KLUSCH M, FRIES B, SYCARA K. Automated semantic web service discovery with OWLS-MX[C]. Proceedings of the 5th International Joint Conference on Autonomous Agents and Multiagent Systems, 2006: 915-922.

[103] KISFER C, BERNSTEIN A. The creation and evaluation of iSPARQL strategies for matchmaking[C]. European Semantic Web Conference. Berlin Heidelberg: Springer, 2008: 463-477.

[104] THIAGARAJAN R, MAYER W, STUMPTNER M. Semantic service discovery by consistency-based matchmaking[M]//LI Q, FENG L, PEI J, et al. Proceeding of the joint international conferences on advances in data and web management. Berlin Heidelberg: Springer, 2009: 492-505.

[105] KELLER U, LARA R, LAUSEN H, et al. Automatic location of services[M]//GOMEZ-PEREZA, EUZENAT J. The semantic web: research and applications. Berlin Heidelberg: Springer, 2005: 1-16.

[106] KLUSCH M, KAUFER F. WSMO-MX: a hybrid semantic web service matchmaker[J]. Web Intelligence and Agent Systems, 2009, 7(1): 23-42.

[107] VERMA K, SIVASHANMUGAM K, SHETH A, et al. Meteor-S WSDI: a scalable P2P infrastructure of registries for semantic publication and discovery of web services[J]. Information Technology and Management, 2005, 6(1): 17-39.

[108] OUNDHAKAR S, VERMA K, SIVASHANMUGAM K, et al. Discovery of web services in a multi-ontology and federated registry environment[J]. International Journal of Web Services Research, 2005, 2(3): 1-32.

[109] HOBOLD G C, SIQUEIRA F. Discovery of semantic web services compositions based on SAWSDL annotations[C]. IEEE 19th International Conference on Web Services (ICWS), 2012: 280-287.

[110] BARAKAT L, MILES S, LUCK M. Efficient correlation-aware service selection[C]. IEEE 19th International Conference on Web Services (ICWS), 2012: 1-8.

[111] HANG C W, KALIA A K, SINGH M P. Behind the curtain: service selection via trust in composite services[C]. IEEE 19th International Conference on Web Services (ICWS), 2012: 9-16.

[112] JUNGHANS M, AGARWAL S, STUDER R. Behavior classes for specification and search of complex services and processes[C]. IEEE 19th International Conference on Web Services (ICWS), 2012: 343-350.

[113] ALTMANN V, SKODZIK J, DANIELIS P, et al. A DHT-based scalable approach for device and service discovery[C]. IEEE 12th International Conference on Embedded and Ubiquitous Computing (EUC), 2014: 97-103.

[114] YU C, YAO D, LI X, et al. Location-aware private service discovery in pervasive computing environment[J]. Information Sciences, 2013, 230: 78-93.

[115] CHU V W, WONG R K, CHEN W, et al. Service discovery based on objective and subjective measures[C]. IEEE International Conference on Services Computing, 2013: 360-367.

[116] CASSAR G, BARNAGHI P, MOESSNER K. Probabilistic matchmaking methods for automated service discovery[J]. IEEE Transactions on Services Computing, 2014, 7(4): 654-666.

[117] LI C, ZHANG R, HUAI J, et al. A probabilistic approach for web service discovery[C]. IEEE International Conference on Services Computing, 2013: 49-56.

[118] AZNAG M, QUAFAFOU M, JARIR Z. Leveraging formal concept analysis with topic correlation for service clustering and discovery[C]. IEEE International Conference on Web Services (ICWS), 2014: 153-160.

[119] WU J, CHEN L, ZHENG Z, et al. Clustering web services to facilitate service discovery[J]. Knowledge and Information Systems, 2014, 38(1): 207-229.

[120] VOLLINO B, BECKER K. A framework for web service usage profiles discovery[C]. IEEE 20th International Conference on Web Services (ICWS), 2013: 115-122.

[121] UCHIBAYASHI T, APDUHAN B O, SHIRATORI N. A framework of an agent-based support system for IaaS service discovery[C]. 13th International Conference on Computational Science and Its Applications (ICCSA), 2013: 28-32.

[122] DITTRICH A, LICHTBLAU B, REZENDE R, et al. Modeling responsiveness of decentralized service discovery in wireless mesh networks[M]//FISCHBACH K, KRIEGER R. Measurement, modelling, and evaluation of computing systems and dependability and fault tolerance. Berlin Heidelberg: Springer, 2014: 88-102.

[123] YU S C, WU Y Z, GUO R N. A UPnP-based decentralized service discovery improved algorithm[C]. 5th International Conference on Computational and Information Sciences (ICCIS), 2013: 1413-1416.

[124] DEEPA R, SWAMYNATHAN S. A trust model for directory-based service discovery in mobile ad hoc networks[M]//PEREZ G M, THAMPI S M, KO R , et al. Recent trends in computer networks and distributed systems

security. Berlin Heidelberg: Springer, 2014: 115-126.

[125] SANGERS J, FRASINCAR F, HOGENBOOM F, et al. Semantic web service discovery using natural language processing techniques[J]. Expert Systems with Applications, 2013, 40(11): 4660-4671.

[126] HU G, WU B, CHENG B, et al. A service migration mechanism for web service discovery[C]. IEEE International Conference on Services Computing (SCC), 2014: 859-860.

[127] DJAMAA B, RICHARDSON M, AOUF N, et al. Towards efficient distributed service discovery in low-power and lossy networks[J]. Wireless Networks, 2014, 20(8): 2437-2453.

[128] DJAMAA B, RICHARDSON M, AOUF N, et al. Service discovery in 6LoWPANs: classification and challenges[C]. IEEE 8th International Symposium on Service Oriented System Engineering (SOSE), 2014: 160-161.

[129] DJAMAA B, WITTY R. An efficient service discovery protocol for 6LoWPANs[C]. Science and Information Conference, 2013: 645-652.

[130] ZISMAN A, SPANOUDAKIS G, DOOLEY J, et al. Proactive and reactive runtime service discovery: a framework and its evaluation[J]. IEEE Transactions on Software Engineering, 2013, 39(7): 954-974.

[131] BENATALLAH B, HACID M S, LEGER A, et al. On automating web services discovery[J]. The VLDB Journal, 2005, 14(1): 84-96.

[132] NAYAK R. Facilitating and improving the use of web services with data mining[M]//TANIAR D. Research and trends in data mining technologies and applications, 2007: 309-327.

[133] WANG H, HUANG J Z, QU Y, et al. Web services: problems and future directions[J]. Web Semantics: Science, Services and Agents on the World Wide Web, 2004, 1(3): 309-320.

[134] AL-MASRI E, MAHMOUD Q H. Discovering web services in search engines[J]. IEEE Internet Computing, 2008 (3): 74-77.

[135] CLEMENT L, HATELY Andrew, RIEGEN C V, et al. Universal description, discovery and integrationv3.0.2[EB/OL]. (2004-10-19)[2017-09-04]. http://www.uddi.org/pubs/uddi-v3.0.2-20041019.htm.

[136] VU L H, HAUSWIRTH M, ABERER K. QoS-based service selection and ranking with trust and reputation management[M]//MEERSMAN R, TARI Z. On the move to meaningful internet systems 2005: CoopIS, DOA, and ODBASE. Berlin Heidelberg: Springer, 2005: 466-483.

[137] SHAIKHALI A, RANA O F, AL-ALI R, et al. UDDIe: an extended registry for web services[C]. Proceedings of the 2003 Symposium on Applications and the Internet Workshops, 2003: 85-89.

[138] ANANTHANARAYANA V S, VIDYASANKAR K. Dynamic primary copy with piggy-backing mechanism for replicated UDDI registry[M]//MADRIA S K, CLAYPOOL K T, KANNAN R, et al. Distributed computing and internet technology. Berlin Heidelberg: Springer, 2006: 389-402.

[139] SCHMIDT C, PARASHAR M. A Peer-to-Peer approach to web service discovery[J]. World Wide Web, 2004, 7(2): 211-229.

[140] EMEKCI F, SAHIN O D, AGRAWAL D, et al. A Peer-to-Peer framework for web service discovery with ranking[C]. IEEE International Conference on Web Services (ICWS), 2004: 192-199.

[141] PAPAZOGLOU M P, KRAMER B J, YANG J. Leveraging web-services and Peer-to-Peer networks[C]. Advanced Information Systems Engineering. Berlin Heidelberg: Springer, 2003: 485-501.

[142] STOICA I, MORRIS R, KARGER D, et al. Chord: A scalable Peer-to-Peer lookup service for internet applications[J]. ACM SIGCOMM Computer Communication Review, 2001, 31(4): 149-160.

[143] BAO D, VITO L D, TOMACIELLO L, et al. SIP handbook: services, technologies, and security of session initiation protocol[M]. Boca Raton: CRC Press, 2008.

[144] FILALI I, BONGIOVANNI F, HUET F, et al. A survey of structured P2P systems for RDF data storage and retrieval[M]//HAMEURLAIN A, KUNG J, WAGNER R. Transactions on large-scale data-and knowledge-centered systems

III. Berlin Heidelberg: Springer, 2011: 20-55.

[145] RIPEANU M. Peer-to-Peer architecture case study: gnutella network[C]. Peer-to-Peer Computing, 2001. Proceedings. First International Conference on. IEEE, 2001: 99-100.

[146] HAAS Z J, HALPERN J Y, Li L. Gossip-based ad hoc routing[J]. IEEE/ACM Transactions on Networking (ToN), 2006, 14(3): 479-491.

[147] GOOD N S, KREKELBERG A. Usability and privacy: a study of Kazaa P2P file-sharing[C]. Proceedings of the SIGCHI Conference on Human Factors in Computing Systems, 2003: 137-144.

[148] RANJAN R, HARWOOD A, BUYYA R. Peer-to-Peer-based resource discovery in global grids: a tutorial[J]. IEEE Communications Surveys & Tutorials, 2008, 10(2): 6-33.

[149] ROWSTRON A, DRUSCHEL P. Pastry: scalable, decentralized object location, and routing for large-scale Peer-to-Peer systems[C]. IFIP/ACM International Conference on Distributed Systems Platforms and Open Distributed Processing. Berlin Heidelberg: Springer, 2001: 329-350.

[150] ZHAO B Y, HUANG L, STRIBLING J, et al. Tapestry: a resilient global-scale overlay for service deployment[J]. IEEE Journal on Selected Areas in Communications, 2004, 22(1): 41-53.

[151] MAYMOUNKOV P, MAZIERES D. Kademlia: a Peer-to-Peer information system based on the XOR metric[M]// DRUSCHEL P, KAASHOEK F, ROWSTRON A. Peer-to-Peer systems. Berlin Heidelberg: Springer, 2002: 53-65.

[152] SINGH N, DUA R L, MATHUR V. Network simulator ns2-2.35[J]. International Journal of Advanced Research in Computer Science and Software Engineering, 2012, 2(5): 224-228.

[153] HENDERSON T R, LACAGE M, RILEY G F, et al. Network simulations with the NS-3 simulator[J]. SIGCOMM Demonstration, 2008, 14(14): 527.

[154] CHANG X. Network simulations with OPNET[C]. Proceedings of the 31st Conference on Winter Simulation: Simulation A Bridge to the Future, 1999: 307-314.

[155] VARGA A. The OMNeT++ discrete event simulation system[C]. Proceedings of the European Simulation Multiconference (ESM'2001). 2001, 9(S 185): 65.

[156] JUMP J R, LAKSHMANAMURTHY S. Netsim: a general-purpose interconnection network simulator[C]. Proceedings of the International Workshop on Modeling, Analysis, and Simulation on Computer and Telecommunication Systems. Society for Computer Simulation International, 1993: 121-125.

[157] D.EASTLAKE 3rd, JONES P. US secure hash algorithm 1 (SHA1)[R/OL]. [2017-09-04]. https://www.rfc-editor.org/rfc/pdfrfc/rfc3174.txt.pdf.

[158] AL-MASRI E, MAHMOUD Q H. Discovering the best web service[C]. Proceedings of the 16th International Conference on World Wide Web, 2007: 1257-1258.

[159] ZHENG Z, MA H, LYU M R, et al. QoS-aware web service recommendation by collaborative filtering[J]. IEEE Transactions on Services Computing, 2011, 4(2): 140-152.

[160] CANFORA G, DI PENTA M, ESPOSITO R, et al. An approach for QoS-aware service composition based on genetic algorithms[C]. Proceedings of the 7th Annual Conference on Genetic and Evolutionary Computation, 2005: 1069-1075.

[161] CANFORA G, DI PENTA M, ESPOSITO R, et al. Service composition (re) binding driven by application-specific QoS[M]//DAN A, LAMERSDORF W. Service-oriented computing-ICSOC 2006. Berlin Heidelberg: Springer, 2006: 141-152.

[162] NGUYEN X T, KOWALCZYK R, HAN J. Using dynamic asynchronous aggregate search for quality guarantees of multiple web services compositions[M]//DAN A, LAMERSDORF W. Service-oriented computing-ICSOC 2006. Berlin Heidelberg: Springer, 2006: 129-140.

[163] International Organization for Standardization. ISO 8402: 1994 Quality management and quality assurance-vocabulary[S]. International Organization for Standardization, 1994.

[164] SIERGIEJCZYK M E. 800: Terms and definitions related to quality of service and network performance including dependability[J]. Proceedings of the International Telecommunication Union, 1994: 1-13.

[165] WANG S, SUN Q, YANG F. Quality of service measure approach of web service for service selection[J]. IET Software, 2012, 6(2): 148-154.

[166] MENASCE D. QoS issues in web services[J]. IEEE Internet Computing, 2002, 6(6): 72-75.

[167] ALMULLA M, ALMATORI K, YAHYAOUI H. A QoS-based fuzzy model for ranking real world web services[C]. IEEE International Conference on Web Services (ICWS), 2011: 203-210.

[168] SAATY T L. The analytic hierarchy process: planning, priority setting, resource allocation[M]. New York: McGraw-Hill International Book Company, 1980.

[169] BERNASCONI M, CHOIRAT C, SERI R. The analytic hierarchy process and the theory of measurement[J]. Management Science, 2010, 56(4): 699-711.

[170] SAATY T L. Relative measurement and its generalization in decision making why pairwise comparisons are central in mathematics for the measurement of intangible factors the analytic hierarchy/network process[J]. Revista de la Real Academia de Ciencias Exactas, Fisicas y Naturales. Serie A: Matematicas, 2008, 102(2): 251-318.

[171] SAATY T L. Modeling unstructured decision problems: the theory of analytical hierarchies[J]. Mathematics and Computers in Simulation, 1978, 20(3): 147-158.

[172] SAATY R W. The analytic hierarchy process: what it is and how it is used[J]. Mathematical Modelling, 1987, 9(3): 161-176.

[173] GODSE M, SONAR R, MULIK S. The analytical hierarchy process approach for prioritizing features in the selection of web service[C]. ECOWS'08 Proceedings of the 2008 Sixth European Conference on Web Services, 2008: 41-50.

[174] SUN Y, HE S, LEU J Y. Syndicating web services: a QoS and user-driven approach[J]. Decision Support Systems, 2007, 43(1): 243-255.

[175] KATTEPUR A, BENVENISTE A, JARD C. Optimizing decisions in web services orchestrations[M]//KAPPEL G, MAAMAR Z, MOTAHARI-NEZHAD H R. Service-oriented computing. Berlin Heidelberg: Springer, 2011: 77-91.

[176] THIRUMARAN M, DHAVACHELVAN P, LAKSHMI P, et al. Parallel analytic hierarchy process for web service discovery and composition[C]. Proceedings of the 8th International Workshop on Information Integration on the Web: in Conjunction with WWW , 2011: 7.

[177] WU C, CHANG E. A method for service quality assessment in a service ecosystem[C]. Digital EcoSystems and Technologies Conference, Inaugural IEEE-IES, 2007: 251-256.

[178] SZABO C, FARKAS K, HORVATH Z. Motivations, design and business models of wireless community networks[J]. Mobile Networks and Applications, 2008, 13(1-2): 147-159.

[179] LIU Y, NGU A H, ZENG L Z. QoS computation and policing in dynamic web service selection[C]. Proceedings of the 13th International World Wide Web Conference on Alternate Track Papers & Posters, 2004: 66-73.

[180] HADAD J E, MANOUVRIER M, RUKOZ M. TQoS: transactional and QoS-aware selection algorithm for automatic web service composition[J]. IEEE Transactions on Services Computing, 2010, 3(1): 73-85.

[181] WANG H, ZHAO Y, WANG C, et al. Reputation-based semantic service discovery[C]. 4th International Conference on Semantics, Knowledge and Grid, 2008: 485-486.

[182] WANG S, SUN Q, ZOU H, et al. Reputation measure approach of web service for service selection[J]. IET Software, 2011, 5(5): 466-473.

[183] COHEN R, NAKIBLY G. A traffic engineering approach for placement and selection of network services[J]. IEEE/ACM

Transactions on Networking (TON), 2009, 17(2): 487-500.

[184] COOPER L. Location-allocation problems[J]. Operations Research, 1963, 11(3): 331-343.

[185] REZA Z F, MASOUD H. Facility location: concepts, models, algorithms and case studies[J]. Applications and Theory, 2009, 28(1): 65-81.

[186] KRARUP J, PRUZAN P M. The simple plant location problem: survey and synthesis[J]. European Journal of Operational Research, 1983, 12(1): 36-81.

[187] GUTTMAN E. Service location protocol: automatic discovery of IP network services[J]. IEEE Internet Computing, 1999, 3(4): 71-80.

[188] BETTSTETTER C, RENNER C. A comparison of service discovery protocols and implementation of the service location protocol[C]. Proceedings of the 6th EUNICE Open European Summer School: Innovative Internet Applications, 2000.

[189] KEMPF J, ST PIERRE P. Service location protocol for enterprise networks: implementing and deploying a dynamic service finder[M]. New York: John Wiley & Sons, Inc., 1999.

[190] ZHAO W, SCHULZRINNE H. Enhancing service location protocol for efficiency, scalability and advanced discovery[J]. Journal of Systems and Software, 2005, 75(1): 193-204.

[191] MORARU A, FORTUNA C, FORTUNA B, et al. A hybrid approach to QoS-aware web service classification and recommendation[C]. IEEE 5th International Conference on Intelligent Computer Communication and Processing, 2009: 343-346.

[192] GAO C, MA J, JIANG X. On analysis of a chord-based traffic model for web service discovery in distributed environment[J]. Journal of Engineering Science and Technology Review, 2013, 6(5): 129-136.

[193] ZIBANEZHAD B, ZAMANIFAR K, NEMATBAKHSH N, et al. An approach for web services composition based on QoS and gravitational search algorithm[C]. International Conference on Innovations in Information Technology, 2009: 340-344.

[194] MEDITSKOS G, BASSILIADES N. Structural and role-oriented web service discovery with taxonomies in OWL-S[J]. IEEE Transactions on Knowledge and Data Engineering, 2010, 22(2): 278-290.

[195] JUNGHANS M, AGARWAL S, STUDER R. towards practical semantic web service discovery[M]//AROYO L, ANTONIOU G, HYVONEN E, et al. The semantic web: research and applications. Berlin Heidelberg: Springer, 2010: 15-29.

[196] JUNGHANS M, AGARWAL S. Web service discovery based on unified view on functional and non-functional properties[C]. IEEE 4th International Conference on Semantic Computing, 2010: 224-227.

[197] WARNER E, LADNER R, GUPTA K, et al. System and method for web service discovery and access: U.S. Patent 8,209,407[P]. 2012-6-26.

[198] ARNOLD K, SCHEIFLER R, WALDO J, et al. Jini specification[M]. New York: Addison-Wesley Longman Publishing Co., Inc., 1999.

[199] Salutation Consortium. Salutation architecture specification[J/OL]. The Salutation Consortium Inc. 1999[2015-09-02]. ftp://ftp.salutation.org/salute/sa20e1a21.ps.

[200] PRESSER A, FARRELL L, KEMP D, et al. UPnP device architecture 1.1[C]. UPnP Forum. 2008, 22.

[201] MCDERMOTT-WELLS P. What is bluetooth[J]. IEEE Potentials, 2004, 23(5): 33-35.

[202] HODES T D, CZERWINSKI S E, ZHAO B Y, et al. An architecture for secure wide-area service discovery[J]. Wireless Networks, 2002, 8(2): 213-230.

[203] ADJIE-WINOTO W, SCHWARTZ E, BALAKRISHNAN H, et al. The design and implementation of an intentional naming system[J]. ACM SIGOPS Operating Systems Review, 1999, 33(5): 186-201.

[204] KOZAT U C, TASSIULAS L. Network layer support for service discovery in mobile ad hoc networks[C]. INFOCOM 2003.

Twenty-Second Annual Joint Conference of the IEEE Computer and Communications Societies, 2003, 3: 1965-1975.

[205] SAILHAN F, ISSARNY V. Scalable service discovery for MANET[C]. IEEE 3rd International Conference on Pervasive Computing and Communications. 2005: 235-244.

[206] KOUBAA H, FLEURY E. A fully distributed mediator based service location protocol in ad hoc networks[C]. Global Telecommunications Conference, 2001. GLOBECOM'01. IEEE, 2001, 5: 2949-2953.

[207] KLEIN M, KONIG-RIES B, OBREITER P. Service rings-a semantic overlay for service discovery in ad hoc networks[C].14th International Workshop on Database and Expert Systems Applications, 2003: 180-185.

[208] KLEIN M, KONIG-RIES B. Multi-layer clusters in ad-hoc networks:an approach to service discovery[M]//GREGORI E, CHERKASOVA L, CUGDA G. Web engineering and Peer-to-Peer computing. Berlin Heidelberg: Springer, 2002: 187-201.

[209] SCHIELE G, BECKER C, ROTHERMEL K. Energy-efficient cluster-based service discovery for ubiquitous computing[C]. Proceedings of the 11th workshop on ACM SIGOPS European workshop, 2004: 14.

[210] TYAN J, MAHMOUD Q H. A comprehensive service discovery solution for mobile ad hoc networks[J]. Mobile Networks and Applications, 2005, 10(4): 423-434.

[211] SEADA K, HELMY A. Rendezvous regions: a scalable architecture for service location and data-centric storage in large-scale wireless networks[C]. Parallel and Distributed Processing Symposium International, 2004: 218.

[212] SIVAVAKEESAR S, GONZALEZ O F, PAVLOU G. Service discovery strategies in ubiquitous communication environments[J]. IEEE Communications Magazine, 2006, 44(9): 106-113.

[213] LEE C, HELAL A, DESAI N, et al. Konark: a system and protocols for device independent, Peer-to-Peer discovery and delivery of mobile services[J]. IEEE Transactions on Systems, Man and Cybernetics, Part A: Systems and Humans, 2003, 33(6): 682-696.

[214] JEONG J, PARK J, KIM H. Service discovery based on multicast DNS in IPv6 mobile ad-hoc networks[C]. The 57th IEEE Semiannual Vehicular Technology Conference, 2003, 3: 1763-1767.

[215] PERKINS C. IP address autoconfiguration for ad hoc networks[J]. IETF draft-ietf-manet-autoconf-01.txt, 2001, 391(6): 73-84.

[216] JEONG J, PARK J. Autoconfiguration technologies for IPv6 multicast service in mobile ad-hoc networks[C]. IEEE 10th International Conference on Networks, 2002: 261-265.

[217] BARBEAU M. Service discovery protocols for ad hoc networking[C]. CASCON 2000 Workshop on ad hoc communications. 2000: 1-5.

[218] YEAHA Y, JOSHI A, CHAKRABORTY D, et al. Toward distributed service discovery in pervasive computing environments[J]. IEEE Transactions on Mobile Computing, 2006, 5(2): 97-112.

[219] GAO Z, YANG X Z, MA T, et al. RICFFP: an efficient service discovery protocol for MANETs[M]//YANG L T, GUO M GAO G R, et al. Embedded and ubiquitous computing. Berlin Heidelberg: Springer, 2004: 786-795.

[220] NEDOS A, SINGH K, CLARKE S. Service*: distributed service advertisement for multi-service, multi-hop manet environments[C]. 7th IFIP International Conference on Mobile and Wireless Communication Networks (MWCN'05), Marrakech, Morocco, 2005: 1-8.

[221] NIDD M. Service discovery in DEAPspace[J]. IEEE Personal Communications, 2001, 8(4): 39-45.

[222] CAMPO C, MUNOZ M, PEREA J C, et al. PDP and GSDL: a new service discovery middleware to support spontaneous interactions in pervasive systems[C]. IEEE 3rd International Conference on Pervasive Computing and Communications Workshops, 2005: 178-182.

[223] CHOONHWA L E E, HELAL S, WONJUN L E E. Gossip-based service discovery in mobile ad hoc networks[J]. IEICE Transactions on Communications, 2006, 89(9): 2621-2624.

[224] ZHANG Y, HUANG H, YANG D, et al. A hierarchical and chord-based semantic service discovery system in the universal network[J]. International Journal of Innovative Computing, Information and Control, 2009, 5(11): 3745-3753.

[225] ADALA A, TABBANE N. Discovery of semantic web services with an enhanced-chord-based P2P network[J]. International Journal of Communication Systems, 2010, 23(11): 1353-1365.

[226] MHATRE V, ROSENBERG C. Design guidelines for wireless sensor networks: communication, clustering and aggregation[J]. Ad Hoc Networks, 2004, 2(1): 45-63.

[227] ROSENBERG C, MHATRE V P, SHROFF N, et al. A minimum cost heterogeneous sensor network with a lifetime constraint[J]. IEEE Transactions on Mobile Computing, 2005, 4(1): 4-15.

[228] HEINZELMAN W B, CHANDRAKASAN A P, BALAKRISHNAN H. An application-specific protocol architecture for wireless microsensor networks[J]. IEEE Transactions on Wireless Communications, 2002, 1(4): 660-670.

[229] LINDSEY S, RAGHAVENDRA C S. PEGASIS: power-efficient gathering in sensor information systems[C]. Proceedings, IEEE Aerospace Conference, 2002, 3: 1125-1130.

[230] MHATRE V, ROSENBERG C. Homogeneous vs heterogeneous clustered sensor networks: a comparative study[C]. IEEE International Conference on Communications, 2004, 6: 3646-3651.

[231] REYNOLDS P, VAHDAT A. Efficient Peer-to-Peer keyword searching[C]. ACM/IFIP/USENIX International Conference on Distributed Systems Platforms and Open Distributed Processing. New York: Springer-Verlag, 2003: 21-40.

[232] MALIK Z, BOUGUETTAYA A. RATEWeb: Reputation assessment for trust establishment among web services[J]. The International Journal on Very Large Data Bases, 2009, 18(4): 885-911.

[233] CERPA A, ESTRIN D. ASCENT: adaptive self-configuring sensor networks topologies[J]. IEEE Transactions on Mobile Computing, 2004, 3(3): 272-285.

[234] CHEN B, JAMIESON K, BALAKRISHNAN H, et al. Span: an energy-efficient coordination algorithm for topology maintenance in ad hoc wireless networks[J]. Wireless Networks, 2002, 8(5): 481-494.

[235] PAN J, HOU Y, CAI L, et al. Topology control for wireless sensor networks[C]. Proceedings of the 9th Annual International Conference on Mobile Computing and Networking, 2003: 286-299.

[236] ÇELIK D, ELCI A. A broker-based semantic agent for discovering semantic web services through process similarity matching and equivalence considering quality of service[J]. Science China Information Sciences, 2013: 1-24.

[237] WEI B, JIN Z, ZOWGHI D, et al. Implementation decision making for internetware driven by quality requirements[J]. Science China Information Sciences, 2014, 57(7): 1-19.

[238] VAIDYA O S, KUMAR S. Analytic hierarchy process: an overview of applications[J]. European Journal of Operational Research, 2006, 169(1): 1-29.

[239] CASOLA V, FASOLINO A R, MAZZOCCA N, et al. An AHP-based framework for quality and security evaluation[C]. International Conference on Computational Science and Engineering, 2009, 3: 405-411.

[240] GERACI A, KATKI F, MCMONEGAL L, et al. IEEE standard computer dictionary: compilation of IEEE standard computer glossaries[M]. Washington D.C.: IEEE Press, 1991.